JN153343

「大数の法則」がわかれば、世の中のすべてがわかる！

冨島佑允
Tomishima Yusuke

ウェッジ

大数の法則がわかれば、世の中のすべてがわかる！

本書の目次

第2章 世の中では大数の法則がこんなに働いている

第3章 大数の法則を社会に活かす条件とは？

序　章

不確かな世の中を安定させる大数の法則

「大数（たいすう）の法則」とは、ひと言でいうと「ひとつひとつは予想が難しい物事も、それらがたくさん寄せ集まると、全体としての振る舞いは安定する」というものだ。

例えば、コイン投げを考えてみよう。コインを投げて、表が出た回数を数えていく。そして、コインを投げた回数のうち、表が出た回数の割合を調べることにする。コインを10回投げて表が4回、裏が6回出たら、表が出た割合は4÷10つまり0・4である。コイン投げを繰り返していくと、最初のうちは割合が0・4になったり0・6になったりと結構な幅で揺れ動くが、コイン投げの回数が1千回、1万回と増えていくと、割合がだんだん0・5に近づいていく。この現象は、大数の法則が働くことで起きるものだ。1回1回のコイン投げの結果を予想しようとしても、当然ながら五分五分でしか当たらないだろう。けれど、コイン投げを1万回行ったときに表が出る割合（つまり全体としての振る舞い）は、ほぼ確実に0・5だと予想できるのだ。

この話だけでは、大数の法則がいかに重要かについては伝わりにくいかもしれないが、この法則は現代社会の至る所で活用されている。例えば、生命保険がそうである。生命保険会社は保険料を受け取る代わりに、人が亡くなったときや病気になったときなどに保険金を支払うことを仕事にしている。けれど、人がいつ亡くなるか、いつ病気になるかは誰にも分からない。つまり保険会社は、いつお金が出ていくかを予め知ることができないのだ。それなのに、ちゃんとお金が払えるのはなぜだろうか？

実は、契約者がたくさんいることが重要なポイントだ。国内最大手の日本生命は、個人の死亡保険の契約件数が2千万件以上ある（平成27年度ディスクロージャー資料より）が、このように1つの保険会社がたくさんの契約者を待つことで、大数の法則が働くのである。ひとりひとりを見れば、その人がいつ亡くなるかは本人にすら分からないが、何万人もの被保険者の集団を考えれば、1年間にどのくらいの割合で「死亡」というイベントが発生するかを正確に予測できるため、どれくらいお金を用意しておけばいいか分かるのである。つまり、先のコイン投げの例と似たことが起きている。「生」か「死」かはコインの裏表のようなもので、ひとりひとりについてはどちらに転ぶか分からない。しかし、人数が多くなれば、全体の中での「死」の割合は正確に予想できるのだ。突然の不幸から私たちの生活を守ってくれる生命保険は、実は大数の法則をベースとしているのである。

ほかにも、私たちが銀行から自由にお金を引き出せるのも、大数の法則のおかげである。不良息子が親の財布から勝手にお金を拝借する……という話はよく聞くが、普通は、勝手にお金を引き出されると、引き出された方は困るはずである。しかし、銀行は無数の預金者が好き勝手にお金を預けたり引き出したりしているのに、少しも困っていないように見える。これも理屈は同じだ。預金者の行動は人それぞれで、お金を引き出す人もいれば、預け入れる人もいる。そして、大勢の預金者の行動を全体として見てみると、大数の法則によって1日あたりに引き出されるお金の額と預け入れられるお金の額はおよそ同じくらいになるので、銀行は預金のごく一部をキープしておけば引き出しに対応できるのだ。そして、残りの大部分のお金を企業に貸し出すことができる。銀行が貸し出しを通じて企業を支えることができるのは、大数の法則のおかげなのである。

実は大数の法則は、民主主義を支える法則でもある。本編で詳しく説明するが、民主主義がなぜ機能するかを数学的に考えたとき、大数の法則が土台となっていることが分かるのだ。さらには、チームや会社、国家といった人間の集団が協力して問題解決にあたる際に、どのようにすれば良い結果を得られるかを考える「集合知」いう学問分野があるが、この集合知を考えるときも、大数の法則がキーワードになってくる。さらには、大数の法則がどのような場合に働くかを考えたとき、「個人の自由」や「法の下の平等」といった現代的な価値観が、実は数学的にも根拠のあるものだったことが見えてくるのである。

民主主義国家に住む私たちは、個人の自由や民主主義が素晴らしいと子供のころから教えられて育ってきている。だから、そういったものを尊重するのは当たり前で、国が発展するのに不可欠だと考えている。でも、考えてみれば、とても不思議な話ではないだろうか。単純に考えると、皆がてんでばらばらに行動すると、社会全体が混乱してしまうのではないだろうか？　でも、今の世の中は、個人の自由を認めたことが原因で大混乱しているようには見えない。むしろ、今までのどの時代よりも豊かで安定しているように見える。

もし、現代の価値観をまったく知らない人が目の前にいたとして、「なぜ個人の自由や民主主義が重要なの？　その方が国が発展するとどうして言えるの？」と聞かれたら、私たちはちゃんと答えられるだろうか？　実際に四半世紀ほど前までは、ソビエト連邦のような大きな国が民主主義に疑問を抱き、社会主義的な理想国家の建設を目指したりもしていた。

あるいは、仮にタイムマシンがあったとして、江戸時代に戻って徳川家康に「『個人の自由』なるものを認めると、天下が大いに発展しますぞ」と進言しても、彼は納得するだろうか？　おそらく、こういう答えが返ってくるに違いない。

「ばかを申すな！　皆が好き勝手やっていいことにすると、世の中が乱れ国が亡ぶわ！」

と。確かに、皆が自由に振る舞えば、コントロールが効かなくなって世の中が混乱するというのも、ある意味自然な考え方である。それなのに、現代はほかのどの時代よりも経済的に豊かだし、人々の生活が安定しているのはなぜだろうか？

科学技術が発達したことや、食糧を大量生産できるようになったことなど色々と理由はあるだろうが、「皆がばらばらに行動するからこそ、全体としての結果が安定する」という数学的法則が現代社会に活かされていることも大きい。それが、大数の法則である。

本編では、まず第1章で大数の法則とは何かについて詳しく説明をする。第2章では、大数の法則が世の中でどのように活用されているかを見ていく。第3章では、大数の法則を活かすために何が大切か、どうすればもっと活用できるかを考える。第4章では、大数の法則を生活や仕事に活かしていく方法を考える。そして第5章では、大数の法則で世の中を良くしていくための課題などを考える。本書を読めば、いつもとは違った視点で世の中を見ることができるようになる。違った視点で見れば、違う考え方が浮かんできて、ビジネスや人生のヒントになる。この本が、読者にとってそういう本になれば幸いである。

第1章

大数の法則の活躍ぶりを見てみよう!

1 チンチロリンで学ぶ大数の法則

序章でも話したが、大数の法則とは何かについて、もう少し詳しく説明しよう。大数の法則は、人生訓とかスピリチュアルな法則とか、あるいは単なる経験則とかではなく、れっきとした数学の定理である。スイスの数学者ヤコブ・ベルヌーイ（1654〜1705）によって1713年に証明され、その後、ロシア数学の父といわれるパフヌティ・チェビシェフの手で、より一般的な事例に当てはまるように拡張された。もともとは数式で示されているものだが、それだと分かりづらいので言葉で表すと、次のようになる。

●大数の法則を生み出した数学者・ヤコブ・ベルヌーイ（写真:Science Photo Library／アフロ）

「ある出来事が起きる確率を理論的に計算し、実際の経験と比較したとする。経験数が少ないうちは理論上の確率は当てにならないが、その出来事の経験数が増えれば増えるほど、経験上の確率は理論上の確率に近づいていく」

これでも分かりづらいので、直感的に理解するために、サイコロを使ったゲームを考えてみよう。日本発祥の賭博でチンチロリンというものがある。これは、お椀とサイコロ3つでできる手軽な賭け事だ。ルールは簡単で、サイコロ3つをお椀に投げ込み、出た目によって勝負が決まる。例えば、サイコロ3つとも1の目が出れば「ピンゾロ」といって、掛けた額の5倍を受け取ることができる。サイコロ3つだと、3つとも1の目が出て大儲け、ということも、まああありうるだろう。しかし、これがサイコロ10個だとどうだろう？ サイコロにイカサマでもしない限り、「ピンゾロ」（すべて1の目）を狙うのは難しい。では、サイコロ100個では？ もっと難しい。では、サイコロ1万個では？ ここまでくれば、「ピンゾロ」を狙う人なんて皆無だろう。

つまり、「ピンゾロ」なんていう異常事態が起こるのは、サイコロの個数が少ないときだけなのだ。サイコロの数が増えるほど、そういった異常事態は起こらなくなってきて、予想通りの結果になりやすくなる。予想通りの結果とは何かというと、

「あるサイコロは1の目、別のサイコロは3の目……というように、出ている目がバラバラで、集計してみると、1~6の目がほぼ均等に出ている」というものだ。理論的に考えれば、それぞれの目が出る確率は等しいので、どの目も同じくらいの数だけ出ているはずである。そして、サイコロの数が多くなればなるほど、そういった理論上の予測（理論上の確率）と実際の結果（経験上の確率）が一致してくる。それが、大数の法則である。余談だが、このように経験上の確率が理論上の確率に収束していくことを、数学の用語で「確率収束」という。

この大数の法則は、確率論と呼ばれる数学の分野で最も重要な定理の1つとされている。なぜ重要かというと、起きるかどうか分からないことについて理論的に考えようとするときに、大数の法則が指針を与えてくれるからだ。起きるかどうか分からないことについて考えなければならない場面は、世の中にたくさんある。人の死や病気、交通事故、災害、天気、会社の倒産、株価の上昇や下落……といった具合だ。このような課題について、人間は何とか知恵を振り絞って、「理論的にはこれくらいの確率で起きるはずだから、これくらいの備えをしておけばよい」といった結論をひねり出す。しかし、理論上の確率はあくまで机上の話にすぎないので、実際にやってみると、その確率の通りに物事が起きていくわけではないことが分かる。しかし、だからといって、「理論上の確率の通りに物事が起きるわけじゃないんだから、確率なんて計算しても意味がない。そんなものは忘れて、運命に身を任せて生きていこう」となると、原始時代に戻ってしまう。つまり、「理論上の確率」と「実際の経験」を結びつける何かが必要ということになる。それこそが、大数の法則である。

大数の法則は、確率論を駆使して机上で計算される理論上の確率が、どういう場合に有用で、どういう場合に当てにならないかを教えてくれているのだ。プラトンは、現実世界特有の不完全さや歪みを持たない理想世界のことを「イデア界」と呼んだが、理論上の確率は、この「イデア界」に住んでいると考えることもできる。現実世界の経験はそこからズレているのが普通だが、経験数が多くなっていくと、大数の法則によって理論上の確率に近づいていく。いわば、大数の法則は「イデア界（理論上の確率）」と「現実世界（経験上の確率）」の橋渡しというわけだ。

2 数が多けりゃいいというわけではない。「独立性」がカギ

ここで注意してほしいのは、数が多ければ必ず大数の法則が働くわけではないという点だ。例えば、サイコロとお椀に磁石が仕込んであって、必ず1の目が出るようになっていたら、たとえサイコロが1万個あったとしても、必ず「ピンゾロ」になる。当たり前の話だが、すごく重要である。つまり、大数の法則が働くためには、ひとつひとつのサイコロが互いに無関係でなければならないのだ。ちなみに、無関係であることを、数学の世界では「独立」と呼ぶ。そして、二つの変数がそれぞれ無関係に変化する場合、それらの変数は「互いに独立である」という。チンチロリンの例でいうと、それぞれのサイコロが「互いに独立である」場合、つまり、互いに無関係の場合（磁石などで操られていない場合）に限り、大数の法則が働くのだ。

「独立性」について、別の例を挙げよう。序章で出てきた生命保険のケースだと、生命保険業が成り立つためには、人の死が「互いに独立」であることが必要となる。通常は、人の死の理由は様々で、そして互いに無関係だ。ある人は老衰、ある人は

交通事故、またある人はガン、といった具合に、それぞれの理由によって死が訪れるが、誰かの死がきっかけでほかの人が死にやすくなったり、逆に死にかけていた人が元気になったりといったことは考えにくい。つまり、人の死は「互いに独立」ということができる。

けれども、それが成り立たない場合がある。戦争など、多くの人が一度に死んでしまうような大事件が起きたときだ。実は保険契約の契約内容をよく見てみると、そういう異常事態が生じたときは、保険会社は保険金を支払わない場合がありますよといったことが書かれている。

もっと具体的にいうと、保険契約を結んだときは、保険会社は契約者に対し、契約の条件を事細かに並べた「約款(やっかん)」という書類を必ず渡すことになっている。約款には様々なことが書かれているが、その中に「免責事由」という項目があり、保険会社が「こういう場合には保険金を削減して支払うか、もしくは一切支払いません」と予め宣言している内容が載っている。代表的な免責事由の一つが、「戦争そのほかの変乱により被保険者が死亡したとき」というものだ。そのような場合には、人の死が「互いに独立」しているとはいえなくなる。従って、そのような場合にも保険金を支払うことにしてしまうと、保険会社が潰れてしまいかねない。だからこそ、わざわざ約款にちゃんと書いているのだ。

序章で出てきた銀行預金のケースでも、同じようなことがいえる。通常の場合は、預金者の預金引き出し行動は「互いに独立」といえる。3丁目に住む奥様が口座から1万円を引き出したからといって、5丁目に住む大学生が預金を引き出す確率が変わったりはしないだろう。しかし、世の中が不安定になったり、銀行が経営危機に陥ったりしたときに起きる「取り付け騒ぎ」の場合は違う。取り付け騒ぎとは、多くの預金者が銀行に殺到して、一斉に預金を引き出そうとすることだ。このような場合では、多くの預金者が同じタイミングで預金引き出しを行うので、用意していた現金はあっという間に足りなくなってしまう。

3 「特権階級がいない」という条件がもう1つのカギ

大数の法則が成り立つ条件としては、実はもう1つある。それは、「特権階級がいない」ということである。例として、また生命保険を考えよう。ある生命保険会社の契約を調べてみると、会社全体の保障残高（すべての契約の保障金額を足し合わせたもの）が10兆円だったとする。そこで、契約状況をより詳しく調べてみると、ある1人のおじいさんが何件もの保険に入っていて、保障総額が9兆円だったとする。そんなことはありえないが、「例えば」の話で考えて頂きたい。その場合、このおじいさんが亡くなれば、保険会社としては9兆円を支払わなければならなくなり、当然倒産してしまう。つまり、このおじいさんのように、ほかと比べて特別な影響力を持つ「特権階級」がいると、大数の法則は成り立たなくなってしまうのだ。

同じようなことが、銀行預金の例でもいえる。ある銀行に預金者が10万人いて、預金総額が1兆円だとする。しかし、そのうち9万9千999人がそれぞれ1千円しか預金してなくて、残りの1人が9千999億円の預金をしていたら、その1人が全額引き出せば銀行は終わりである。

このように、いくら数が多くても、そのうちの一部が持つ影響力があまりに大き

独立性 が満たされているか

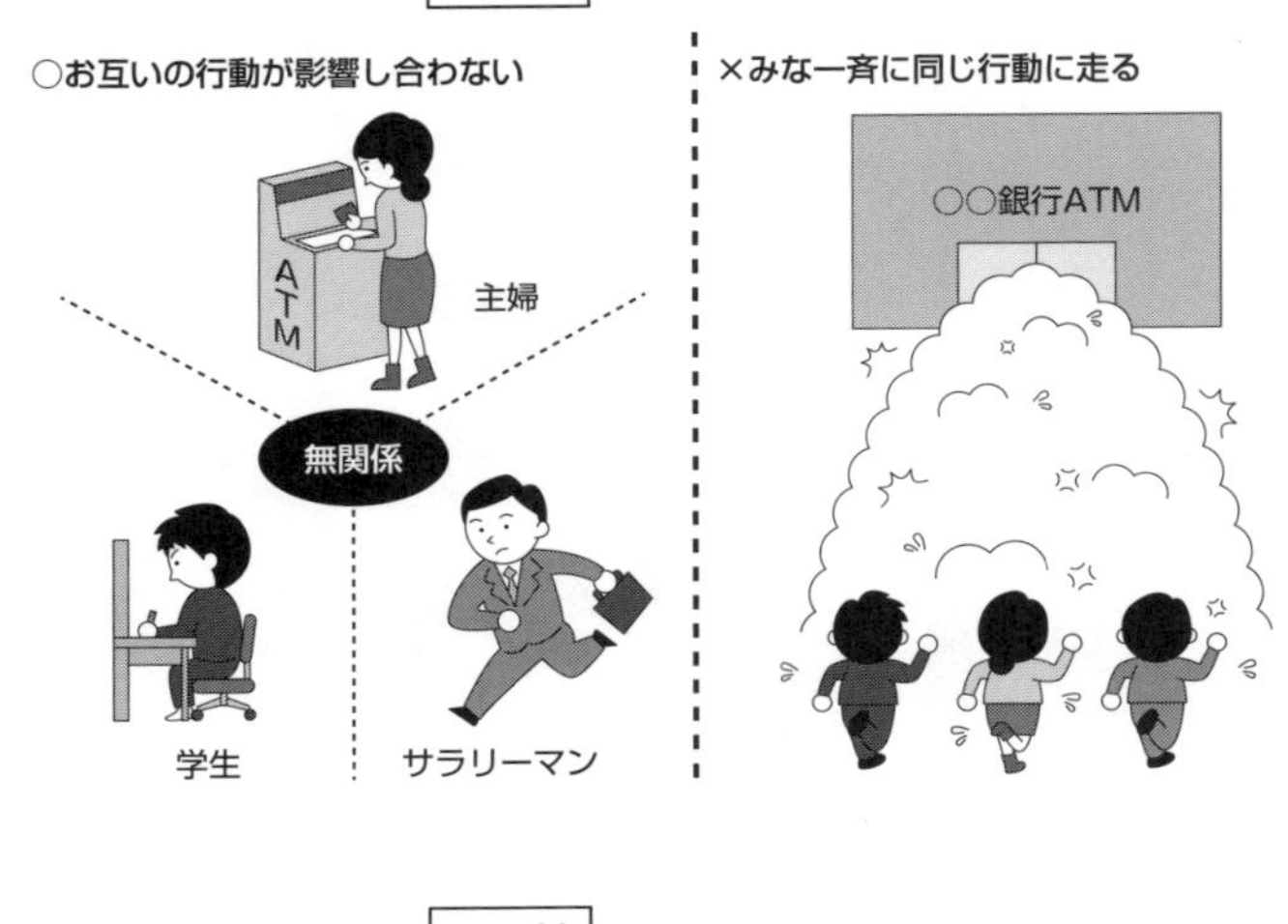

同一性 が満たされているか

○極端な「特権階級」がいない

預金総額 1 兆円

会社員
1000万円

主婦
30万円

自営業
500万円

社長
5000万円

学生
10万円

×極端な「特権階級」がいる

1億円

9999億円

●「独立性」と「同一性」が満たされていることが、大数の法則が働く条件だ

いと、大数の法則は成り立たないのだ。この条件は、数学では「同一性」と呼ぶ。同一性とは、2つの変数が同じような分布をしている（つまり、お互いが違いすぎない）ということを意味する。もちろん、数学の世界と違って、現実の世界では違いを完全になくすということはできない。なので程度の問題ではあるものの、あまりにトンデモナイものが混ざると、同一性が崩れてしまうため大数の法則が成り立たなくなるということだ。

4 ギャンブルはほどほどに!? 少ない経験数だと理論上の確率は当てにならない

ここまでの話で、大数の法則とは何か、そして、どのような場合に働くかが見えてきた。まとめると、ある出来事が互いに無関係に起きていて（独立性）、なおかつ特別な影響力を持つ人がいなくて（同一性）、しかもたくさん経験している場合に、大数の法則が働くということだ。

大数の法則によれば、ギャンブルはやればやるほど負けるということになる。なぜかというと、ギャンブルというものは、確率的には必ず胴元が勝つように設計されているからだ。そうでなければ、パチンコ店もカジノも破産してしまう。つまり、パチンコ店やカジノがこの世に存在している（倒産していない）ということは、お客さんはトータルでは必ず負けているということになる。では、必ず負けるのに、なぜギャンブルをする人がいるのだろうか？　それは、お客さんの中には勝つ人もいるからだ。あるいは、ずっとギャンブルをやっていると、たまに大勝ちする日があるからだ。みんな、「自分は勝つ」「今日は勝つ」と思ってやっているのである。

だからパチンコ店は、台の設定を毎日巧妙に変えている。どの台も負けるなら誰も来なくなってしまうので、勝つ台を作るわけだ。そうすれば、勝ったときの喜びが忘れられなくて、また来るようになる。でも、パチンコ店としては、トータルで儲かっていればそれでいい。つまり、大勝ちする人がいたとしても、それ以外に負ける人がたくさんいれば、トータルでは十分に儲かるのである。

では、負けすぎない程度にギャンブルを楽しむためにはどうすればいいか？　ここで、大数の法則を思い出して欲しい。「経験数が少ないうちは理論上の確率は当てにならない」のであった。つまり、たまにギャンブルをやるのであれば、胴元が設定した理論上の確率（必ず負けるように設定されている）が当てにならないので、少なくとも、大数の法則によって負けに収束していくということにはならない。要するに、ほどほどに楽しめばよいということになる。

これは、宝くじにも当てはまる。宝くじの仕組みは皆さんご存じの通りだが、くじ券を買って、くじ券の番号が抽選番号と一致すれば賞金がもらえるというものだ。この賞金は、くじ券の売上代金から支払われる。そして、くじ券の売上総額に対する賞金総額の割合を「還元率」と呼ぶ。例えば、1等5億円、2等1億円……といった形で、賞金の総額が15億円だったとする。そして、1枚300円のくじ券が1千万枚販売されたとする。この場合、くじ券の売上総額は300円×1千万枚で30億円、賞金総額が15億円なので、還元率は5割（15億円÷30億円）である。

実際の宝くじでも、還元率の相場は大体5割くらいだといわれている。つまり、理論上の確率で見れば、宝くじに費やした金額のうち半分は返ってこないのである。宝くじは、お金のやり取りで勝ち負けが生じるものなので、株やファンドと同じような金融商品の一種といえる。普通、金融商品は、お金を増やしたいと思って買うものである。だからこそ、株やファンドに投資する人は、将来どれくらいの儲けが期待できるのかをとても気にする。だから、証券会社でファンドの販売を担当している人は、お客さんに対して「このファンドは、年間の期待収益率が5％です！つまり、理論通りにいけば、投資したお金を1年で5％増やすことが期待できます！」などと一生懸命説明する。しかし、宝くじの期待収益率は、何と約マイナス50％である。確率的に見て投資額が半分になる金融商品なんて、宝くじ以外には聞いたことがない。

逆にいうと、宝くじは売る側にとっては夢のような商品だ。紙切れに番号を印刷して売るだけで、ほとんどノーリスクで大金が儲かるのである。例えば銀行では、新入行員は最初の仕事として宝くじ販売係を任命される。右も左も分からない新人にとって、高度な経験が要求される融資の世界で何らかの貢献をするのはとても難しい。しかし宝くじ販売なら、手っ取り早く銀行の収益に貢献できるのである。

筆者は、宝くじという金融商品を生み出した人は天才だと思う。くじ券を売るのには組織力が必要だが、売り切りさえすれば、販売する側が必ず勝つようにできているのだ。「夢を買う」とは、よく言ったものである。「夢を買う」といって宝くじを買っている人は、実際は「売る側にとって夢のような商品を買って」いるわけである。しかし、中には実際に宝くじで大金を手にして、一生遊んで暮らしている人も世の中にはいる。実はこれも、大数の法則のフレーズ「経験数が少ないうちは、理論上の確率は当てにならない」で説明できる。つまり、宝くじを買った人々を集団として見れば必ず損をしているが、ひとりひとりを見れば大儲けしているケースもあるわけだ。みんなが平等に損する仕組みなら、だれも宝くじを買わなくなってしまう。一部の人に大儲けさせることで、「もしかしたら自分も」「今日は大安吉日だから、いいことがありそうな気がする」等々の心理を巧みに利用しているわけである。

つまり宝くじも、あまりに大量に買うと大数の法則で確実な負けに収束してしまうので、ほどほどにした方がいいということになる。

5 少ない事例から誤った判断をしてしまう心理バイアス：小数の法則

なぜギャンブルの話を出したかというと、「小数の法則」について説明したかったからである。不確実な現象を扱うときは、少ない経験数だと理論が当てにならないという話をした。しかし、人はよくそのことを忘れてしまい、不十分な情報から誤った結論を出してしまう。そのような心理バイアスのことを、プリンストン大学名誉教授の心理学者ダニエル・カーネマン（２００２年ノーベル経済学賞受賞）は小数の法則と名付けた。この小数の法則という言葉は、経済学と心理学を結びつけた新しい学問「行動経済学」の正式な用語になっている。ちなみに、確率論の用語で「ポアソンの小数の法則」というものがあるが、全く違う意味なのでご注意頂きたい。本書で述べているのは、行動経済学の小数の法則の方である。

小数の法則について具体的なイメージを持ってもらうために、『不合理な地球人――お金とココロの行動経済学』（ハワード・Ｓ・ダンフォード著、朝日新聞出版）から例を引用しよう。コイン投げゲームの結果として、次の３つのうち、いかにもありえそうなものはどれだろう?

① 裏表裏表表裏表

② 表表表表裏裏裏

③ 裏裏裏裏裏裏裏

多くの人が、①と答えるのではないだろうか。①は表と裏がバラバラに出ていて、一番「自然」に見えるからだ。一方で、②は表が4回連続で出た後、裏が3回連続で出ているので、少し不自然に見える。③はずっと裏ばかり出ているので、「イカサマか?」と疑いたくもなる。しかし、裏も表も出る確率は同じなので、実は①~③はどれも理論上はまったく同じ確率で出現する。なぜ①が「自然」に見えるかというと、裏と表がランダムに同じくらいの割合で出ているので、理論上の確率と近い結果のように見えるからだ。でも、そのような推測に意味があるのは、大数の法則が働く場合、つまり、コイン投げの回数がめちゃくちゃ多いときだけである。たった7回では、少なすぎる。

先のチンチロリンの例でいうと、ある人が5回連続「ピンゾロ」（サイコロすべてが1の目）を出したら、「イカサマだ！」と言って殴り掛かりたくなるかもしれない。しかし、たった5回では経験数が足りなくて理論（ピンゾロが出る確率は低い）が当てにならないので、5回目で殴り掛かろうとしても、「あなたは『小数の法則』という心理バイアスによって誤った結論に達した可哀そうな人ですね」と言われてしまいである。殴りかかるのは、もう少し待った方がいいだろう。

世間を見渡してみると、小数の法則の事例は至る所で見つかると思う。

ビギナーズラックという言葉も、小数の法則で説明することができる。ビギナーズラックとは、スポーツで新人が好成績を収めたり、ギャンブルで初心者が大勝ちすることを指す。「経験の少ない初心者は不利なはずなのに、なぜ勝ったのだろう？」と皆が不思議がる。けれども、大数の法則を考えれば、これは不思議でも何でもない。大数の法則によれば、実力の違いは何度もゲームをやらなければ実際の成績に反映されてこない。けれども人々は、ほんの数回のゲームの結果も実力の通りになると考えてしまうのだ。実際は、たった数回ならば実力不相応に勝つことがあっても不思議ではない。

人間にとって最も重要な決断の1つである人生のパートナー選びでも、小数の法則に縛られてしまうことがよくある。例えば、2回離婚した経験がある人は、「俺は結婚に向いてないのかな」と考えて、再婚を躊躇してしまうことがあるだろう。しかし、たった2回の経験数では少なすぎて、その出来事の背後に「性格的に結婚に向いていない」という〝理論〟が潜んでいるのかどうかは分からない。もちろん、本当に結婚に向いていない可能性もあるだろうが、「2回離婚した」という事実だけでは、確かなことは何もいえないのである。「2度あることは3度ある」という諺は、行動経済学的には誤りということになる。

同じように、付き合った男性が皆〝だめんず〟だったからといって「男はバカばっかりだ」と考えるのも小数の法則による誤った判断ということになる。なぜならば、1人の女性が生涯で付き合える人数は、基本的には大数の法則が働くほど多くはないからだ。なので、その少ない経験数からでは、男性の性質について合理的な予測はできないはずなのである。逆もまた然りで、元カノや女友達との体験談から「女ってやつは〇〇〇だ」と思っている男性も、小数の法則によるバイアスがかかっているといえるだろう。

つまり小数の法則とは、大数の法則が当てはまらないような事例に大数の法則を当てはめてしまうことで誤った結論を出してしまうことなのだ。こうやって小数の法則について知っておけば、大数の法則についての理解がより深まると思う。

6 経験数がどれくらいあればいいかの目安は、「中心極限定理」が教えてくれる

ここまでで大数の法則と小数の法則について話してきたが、それでは、どれくらいの経験数があれば大数の法則が働くといえるのだろうか？　残念ながら、どんな場合でも通用する目安の数字があるわけではなく、ケース・バイ・ケースとしかいいようがない。というのも、ある目的で経験データを集めたときに、集めた経験数が十分かどうかを判定するには、統計学に基づいた専門的な計算が必要だからだ。

そしてその判定結果は、どういう条件で、どれくらいの精度で、どのような結論を導き出したいのか等々によって変わってくる。そのため、一般的にこれくらいあればよいといったことがいえないのである。

しかし、目安がまったくないのかというと、そうでもない。大数の法則と並んで確率論の最も重要な定理とされる「中心極限定理」が、大体の目安を教えてくれる。「中心極限定理」そのものは大数の法則よりも抽象的で難しいので詳細は割愛するが、この定理によると、経験上の確率と理論上の確率のズレの大きさは、大まかに言って経験数の平方根に反比例する。[※1] つまり、経験数が4倍になればズレは半分になる、経験数が9倍になればズレは3分の1になるということだ。

このことから、大数の法則を働かせるためには、経験数をなるべく多くすることがいかに大切かが分かるだろう。経験数を増やしていっても、大数の法則の〝効き具合〟はその平方根でしか改善していかないのだ。例えば経験数を1万倍に増やしても、その〝効き具合〟は100倍にしかならないのである（100×100＝1万のため）。

※1　平方根とは、2乗すると元の数になる数字のことである。例えば、2×2＝4なので、4の平方根は2となる。また、3×3＝9なので、9の平方根は3である。

7 大数の法則が働く条件を知っておく

ここで1章の内容をまとめておこう。

まず、大数の法則とは何かというと、「経験数が多くなると、経験上の確率が理論上の確率に近づいていく」という法則であった。現代社会では、死亡保険や災害への備えなど、不確かな物事に対して理論的な予測を立てて準備するということを至る所で行っている。そういう中で、理論的な予測と実際の出来事がどう結びつくかを教えてくれるのが大数の法則である。

ただし、経験数が多ければ、それだけで大数の法則が働く条件が満たされるわけではない。まず、それぞれの出来事が互いに無関係に起きていること、つまり、「独立性」が保たれていることが必要である。そして、1人だけものすごい保障額の保険に入っていたりとか、そういった「特権階級」がいないことも条件だ。このことを「同一性」と呼ぶ。

また、大数の法則が働くためにどれくらいの経験数が必要かの目安を考える際は、「中心極限定理」が役に立つ。「中心極限定理」によれば、経験上の確率と理論上の確率のズレの大きさは、大まかにいって経験数の平方根に反比例する。例えば、ズレを半分にしたければ、経験数が4倍必要ということだ。

逆にいえば、経験数が少ないときは大数の法則が働かないので、理論的な確率はあてにならないということになる。けれども、人はよくその部分を誤解して、少ない経験数に基づいて誤った判断をしてしまうことがある。そのような心理的なバイアスを、行動経済学の言葉で小数の法則という。理論的な確率は、経験数が十分でない場合はあてにならないということを忘れないように気を付けなければならない。

以上のように、大数の法則は非常に重要だけれども、色々と条件も付いてくるということだ。生命保険の世界では、「独立性」や「同一性」といった条件がちゃんと満たされるように、保険契約をかなり厳格に管理している。保険会社は大数の法則が働くことを前提に会社の収入（保険料）と支出（保険金）の計画を立てているので、大数の法則が働かないと収支が狂って経営に影響を及ぼしてしまう。だからこそ、徹底的に管理しているのである。さらに詳しい話については、第2章に譲ることにする。

第2章では、世の中で大数の法則がどのように活用されているかを、さらに詳しく見ていくことにする。抽象的で小難しい確率論の定理が、私たちの生活に深く関わっていることを紹介していきたい。

第２章

世の中では大数の法則がこんなに働いている

1 生命保険は大数の法則無しには成立しない

大数の法則がどんなものかが分かったところで、次は大数の法則が世の中の様々な場面で活躍している姿を見ていくことにしよう。

まずは、生命保険からである。生命保険の基本的な発想は、相互扶助という言葉で表される。相互扶助とは、「人生何が起きるか分からないから、誰かが困ったときは皆でお金を出し合って助け合いましょう」という助け合いの精神のことだ。

相互扶助の考え方は、あらゆる保険商品の設計に深く関わっている。保険料は、貯蓄保険料、危険保険料、付加保険料という3つのパーツからできているのをご存じだろうか？　私たちが普段支払っている「保険料」は、実はこれら3つを足し合わせた総額なのである。仮に、あなたが保険料を毎月1万円払っているとすると、保険会社はそれを、例えば貯蓄保険料9千円、危険保険料750円、付加保険料250円[※2]などというふうに分けて管理している。

このうち、付加保険料とは、保険営業マン（ライフコンサルタント）の人件費や契約を管理するためのシステム費用などの、いわば事務コストを賄うために使われる。
また、貯蓄保険料とは、自分が死亡したときのために貯めておくお金と考えてもらえばいい。将来その人が死亡したときに支払われる保険金の一部を賄うために、保険会社が代わりに貯めておくのである。この部分は、いわば〝自助努力〟に相当している。

そして危険保険料とは、いわば「他人のためのカンパ金」である。1つの保険会社は多くの人に死亡保障を売っていて、毎年ある割合の人たちが死亡し、保険金が支払われていく。そうやって毎年支払われる保険金の財源は、死亡した人が支払った貯蓄保険料だけでは賄えないので、ほかの契約者が支払った危険保険料を充当する。今年死亡する人よりも死亡しない人（契約が継続する人）の方が遥かに多いので、少しずつのカンパ金でも大きな助けになるのだ。

つまり危険保険料は、「今年死亡した誰かのためのカンパ金」なのである。もちろん、自分が死亡したときは、その年にほかの契約者が支払った危険保険料が保険金に充当されることになる。これこそまさに、相互扶助というやつである。保険の

※2　金額は例示のためのもので、現実のいかなる保険商品とも関係ありません。

世界では、保険金の支払いに繋がるリスクのことを〝危険〟と表現する（保険会社にとっては、急に大金の支払いが発生する〝危険〟があるということ）ため、危険保険料という名前が付いている。

つまり、保険金は自助努力（貯蓄保険料）と相互扶助（危険保険料）を足し合わせて支払われるというわけだ。このように、保険は相互扶助の考え方に基づいて設計されているのである。自分の身に何かあったときに、自分が支払った保険料の総額よりも大きな保険金が受け取れるのは、危険保険料というカンパ金のおかげである。そして、貯蓄保険料と危険保険料をいくら徴収すればいいかは、年齢別の死亡率（ある年齢の人が次の年齢に達する前に死亡する確率）に基づいて理論的に計算することができる。そして、大数の法則が働くことで収入・支出が理論通りに均衡するので、確実に保険金が受け取れるのだ。

現代ではどの保険会社も科学的・合理的な保険理論に基づいて収支を管理しているが、昔からうまくやっていたわけではない。歴史を紐解くと、長年の試行錯誤によって現代のような洗練された生命保険制度が生み出されてきたことが分かる。

相互扶助の考え方に基づく組織として歴史上最古のものは、封建時代の西ヨーロッパに誕生したギルドだといわれている。当時の西ヨーロッパでは、経済の発展と共に自給自足の社会が終わりを迎え、お互いが生産したものを交換し合う交換経済が発展していった。そのような状況の中で、原材料や生産物の輸送・販売を専業とする商人層が現れ、力を付けつつあった。この時代は海も陸も危険がいっぱいで、警察が守ってくれるわけでもなかったので、商人たちは海賊や盗賊から身を守り、お互いの商売や生活を助け合うための組織を自分たちで作った。それがギルドである。

ギルドでは、組合員に一定額の組合費を払ってもらい、積み立てを行っていた。その積立金は、組合員の冠婚葬祭の費用、遺族の生活保障、医療費、事業が失敗したときの救済費などに使われたそうだ。そのため、ギルドが生命保険の始まりであるといわれることもある。けれども、現代の生命保険が年齢別の死亡率に基づいて科学的に設計されたものであるのに対して、ギルドは科学的な仕組みを持っていたわけではない。

その後、産業革命と共に封建社会は崩壊し、ギルドは姿を消していった。封建制の崩壊で領主の保護を失った人々は、共同体の束縛から解放される一方で、自己責任の下で生活上の様々なリスク（失業、働き手の死亡、火災など）に自力で対応する必要に迫られるようになった。

「必要は発明の母」というが、そのような社会情勢の中で、現代の保険の前身ともいえる生活保障制度がイギリスで発展していったのである。生命保険もこの時期に誕生したのだが、初期の生命保険の仕組みは、今とは異なる科学性を欠いたものであった。

どのような仕組みだったかというと、皆で同額の掛け金を払い込んで積み立てておき、その年に死亡した人の遺族に分配するというものだ。しかし、掛け金を払い込んだ期間に関係なく受取金額が同じだった上に、年齢に関係なく一律の掛け金だったことから、長く掛け金を払い続けなければならない若者にとって非常に不利な仕組みであった。そのため、不公平感から若者の加入は減っていき、逆に老年者の加入は増えていく状況となり、結局立ち行かなくなってしまった。

何が問題だったかというと、年齢と共に死亡率が上昇することを考慮に入れていなかった点である。現代の生命保険は、もちろん年齢別の死亡率を考慮して設計されている。年齢別の死亡率の一覧表のことを生命表と呼ぶが、世界で最初に生命表を作ったのは、科学者のエドモンド・ハレー（1656〜1742）である。世間的にはハレー彗星で有名な人物だが、生命保険の世界では、死亡統計に基づく生命表を世界で初めて作った人として有名である。

ハレーの生命表を次ページに載せたので見ていただきたい。ハレーは、ドイツのブレスラウ（現在はポーランド領）という地域の住民の出生・死亡統計をもとに、この表を作成した。オリジナル（次ページ上）は見づらいので、下に分かりやすくした表を載せた。これから生命表の見方を説明するので、下の図を見ながら読んで頂きたい。

●エドモンド・ハレーの生命表をもとに、生命保険が作られた（写真:Science Photo Library／アフロ）

Age. Curt.	Per-sons.	Age. Curt.	Per-sons.	Age. Curt.	Per-sons.	Age. Curt.	Per-sons.	Age. Curt.	Per-sons.	Age. Curt.	Per-sons.	Age.	Persons.
1	1000	8	680	15	628	22	586	29	539	36	481	7	5547
2	855	9	670	16	622	23	579	30	531	37	472	14	4584
3	798	10	661	17	616	24	573	31	523	38	463	21	4270
4	760	11	653	18	610	25	567	32	515	39	454	28	3964
5	732	12	646	19	604	26	560	33	507	40	445	35	3604
6	710	13	640	20	598	27	553	34	499	41	436	42	3178
7	692	14	634	21	592	28	546	35	490	42	427	49	2709
Age. Curt.	Per-sons.	Age. Curt.	Per-sons.	Age. Curt.	Per-sons.	Age. Curt.	Per-sons.	Age. Curt.	Per-sons.	Age. Curt.	Per-sons.	56	2194
												63	1694
43	417	50	346	57	272	64	202	71	131	78	58	70	1204
44	407	51	335	58	262	65	192	72	120	79	49	77	692
45	397	52	324	59	252	66	182	73	109	80	41	84	253
46	387	53	313	60	242	67	172	74	98	81	34	100	107
47	377	54	302	61	232	68	162	75	88	82	28		
48	367	55	292	62	222	69	152	76	78	83	23		34000
49	357	56	282	63	212	70	142	77	68	84	20		Sum Total.

年齢	人数	年齢	人数	年齢	人数	年齢	人数	年齢	人数	年齢	人数	年齢	人数
1	1000	8	680	15	628	22	586	29	539	36	481	7	5547
2	855	9	670	16	622	23	579	30	531	37	472	14	4584
3	798	10	661	17	616	24	573	31	523	38	463	21	4270
4	760	11	653	18	610	25	567	32	515	39	454	28	3964
5	732	12	646	19	604	26	560	33	507	40	445	35	3604
6	710	13	640	20	598	27	553	34	499	41	436	42	3178
7	692	14	634	21	592	28	546	35	490	42	427	49	2709
												56	2194
年齢	人数	年齢	人数	年齢	人数	年齢	人数	年齢	人数	年齢	人数	63	1694
43	417	50	346	57	272	64	202	71	131	78	58	70	1204
44	407	51	335	58	262	65	192	72	120	79	49	77	692
45	397	52	324	59	252	66	182	73	109	80	41	84	253
46	387	53	313	60	242	67	172	74	98	81	34	100	107
47	377	54	302	61	232	68	162	75	88	82	28		34000
48	367	55	292	62	222	69	152	76	78	83	23		（合計）
49	357	56	282	63	212	70	142	77	68	84	20		

●ハレーの生命表

この表は上段・下段に分かれている。そして、それぞれの段は左から右に見ていく。１番左の列は１歳から７歳までの年齢が示されている。その隣の列には人数が表示されているが、これは、スタート時点で１千人いると仮定した場合の、各年齢で生き残っている人の数である。本当はブレスラウの人口はもっとたくさんいるが、分かりやすくするために、スタート時点を１千人と見なしているわけだ。

生命表を使えば、各年齢における死亡率を計算することができる。例えば、２歳で８５５人、３歳で７９８人ということは、２歳になった時点から３歳になるまでの間に57人（８５５人－７９８人）が死亡することになる。２歳になった時点で８５５人いて、そのうち57人が３歳になるまでの間に死亡するので、２歳の死亡率は６・６％（57人÷８５５人）である。[※3]

ハレーは、「生命保険の保険料は、年齢別の死亡率に基づいて設定するべきだ」と主張していた。それを実現したのが、ハレーと同じく王立協会の会員だった数学者ジェームズ・ドドソン（１７１０〜１７５７）である。ドドソンは、ハレーの先行研究を参考にして、独自の生命表を作成した。そして、その生命表を用いて、年齢別

※3　ハレーの生命表は現代の生命表と異なる点があるため、この計算は厳密には正しくありません。けれども、ここでは生命表のイメージを掴んで頂くことを主眼にしているため、現代の生命表に対して用いられる計算を紹介しています。現代の生命表は、本文記載のような単純な計算で正確な年齢別死亡率が算出できるように工夫されています。

の死亡率に基づいた合理的な生命保険料の計算方法を世界で初めて考案したのである。

ドドソンの業績に基づいて、世界初の科学的な生命保険会社エクイタブル・ソサエティが誕生した。エクイタブル・ソサエティーが革命的だったのは、現代の生命保険会社も導入している以下のような制度を初めて取り入れたことだった。

1　年齢別の死亡率に基づいた合理的な保険料の設定
2　申込者に対する医学的審査の導入
3　最高保険金額の制限

これらの制度は、生命保険に入ったことのある人にはおなじみのものである。でも、なぜ革命的なのだろうか?　まず制度1については、先ほど説明した通りである。エクイタブル・ソサエティ以前の保険制度は、科学性・合理性に欠けるものだった。それが、エクイタブル・ソサエティの誕生によって変わった。彼らは、ドドソンが考案した保険料計算方式を導入したのだ。つまり、人間の死亡率という客観的なデータに基づいて、「この年齢の人はこれくらいの確率で死亡する。ということは、死亡保険金がこのくらい出ていくはずだから、これくらい保険料をもらう必要がある」というふうに保険料を合理的に算出する方式を導入したのである。

次に、制度2、3について説明する。まず、第1章の話を思い出して欲しい。確率的な物事に関する理論がちゃんと機能するためには、大数の法則が働く環境を整えなければならない。そのためには、大勢の人に加入してもらう必要がある。それは、営業の人（ライフコンサルタント）に頑張ってもらうしかない。そしてほかにも忘れてはならないのが、「独立性」と「同一性」である。「独立性」については、第1章で説明したように、約款の中で「戦争その他の変乱」のような異常事態での保険金支払いを免責することで担保しているのであった。それでは、「同一性」についてはどうやって担保しているのだろうか？

実は、制度2、3によって「同一性」が担保されている。2の医学的審査によって、死亡率を高めるような病気にかかっていないかどうかを調べるということだ。保険の設計に使われる死亡率は、基本的には国民の平均的な死亡率である。現代の日本の生命保険会社は「生保標準生命表」という生命表を使っているが、これは日本の生保各社から集計した生命保険被保険者の死亡統計に基づいている（死亡保険金支払いが発生した契約は被保険者が死亡した、発生していない契約は生存しているということなので、死亡率を計算することができる）。つまり、被保険者全員の平均にあたる死亡率が使われているわけだ。

このように、保険が前提としているのは、あくまで平均的な死亡率を持つ人である。そのため、被保険者の集団の中に死亡率が平均より高い人が混ざると「同一性」が崩れてしまう。だから、医学的審査をすることで、死亡率が平均的なレベルかどうかを確認しているのだ。このことは、公平性の観点からも重要である。なぜかというと、すべての保険契約者は危険保険料という「他人のためのカンパ金」を支払っているので、死亡率の高い人が混ざると、平均的な死亡率の人たちの潜在的な負担が増してしまうからだ。

あとは制度３の「最高保険金額の制限」についてだが、これは第１章で説明した通りで、飛び抜けた保障額の人がいると、その人が死亡したときにものすごい額の保険金支払いが発生して保険会社の経営が不安定になってしまうからだ。最高保険金額を制限することで保障額の偏りが生じすぎないようにして、「同一性」を担保しているのである。

以上のように、保険会社は大数の法則を働かせるために様々な努力をしている。まずは理論（死亡率）を設定して、理論と現実を近づけるために大数の法則が働く状況を作る。そのために「独立性」（「戦争その他の変乱」などの異常事態での保険金支払いを約款で免責）と「同一性」（医学的審査や最高保険金額の制限）を担保している。そして、契約者数を増やすためにライフコンサルタントが必死で売り歩いているわけだ。そうやって大数の法則が働く環境をちゃんとキープしないと、昔の保険組合のように解散に追い込まれてしまうのである。

2 損害保険は、再保険という制度によって大数の法則を働かせている

次は、損害保険について話をしよう。生命保険は人が死亡したときにお金を払う保険だが、損害保険は、モノに対してかける保険である。例えば、自動車保険や火災保険などである。そのほか、飛行機や巨大タンカーなど、もっと大きなモノに対する保険もある。

生命保険と損害保険は、同じ保険でも中身はかなり違う。例えば、生命保険の保障額は大きくてもせいぜい1億円程度だが、損害保険の補償額はそれより遥かに大きくなることもある。巨大タンカーの海難事故や石油コンビナートの爆発事故では、補償額が1億円では済まないわけだ。

それに、損害保険の場合、生命保険に比べると契約数を増やすことが難しい。例えば船舶保険でいうと、人間と比べて船の数は遥かに少ないので、いくら頑張っても契約数を増やしていくことには限界があるわけだ。自動車保険や火災保険などは多くの契約を集めることができるが、補償するモノの規模が大きくなると、どうし

ても契約数が限られてきてしまう。

さらに、生命保険は予め保障額が決まっている「定額保障」なのに対して、損害保険は実際の損害額に応じて補償金を支払う「実損てん補」が基本である。そのため、契約毎の補償額が不均一になってしまい、「同一性」を保つのも難しい。

そのようなケースだと、一見して大数の法則を働かせるのが難しいように思える。それでは、損害保険会社は座して死を待つしかないのか？　そんなことはない。彼らには、再保険という武器がある。

再保険とは、自社が補償している保険契約の一部をほかの損保会社に肩代わりしてもらい、その対価としてお金（再保険料）を支払う契約のことである。例えば、ある運航会社が、自社の豪華客船の海難事故を補償する保険を損保A社から購入したとする。そして損保A社は、豪華客船が万が一事故を起こした場合に補償額が巨額になることを懸念し、保険契約の40％を損保B社に再保険に出していたとする。

運悪く、その豪華客船は氷山に激突し沈没してしまい、損保A社は500億円の補償を請求された。ここで、損保A社が自分の財布から支払わなければならないのは、300億円である。残りの200億円（500億円×40％）は再保険に出しているので、損保B社が肩代わりしてくれるからだ。

さらに、損保B社も契約の一部を再保険に出していたとしよう。例えば、自社が補償している割合のうち50％を損保C社に再保険に出していたとする。その場合、損保B社が自分の財布から支払わなければならないのは、100億円である。残りの100億円（200億円×50％）は、損保C社が肩代わりしてくれるからだ。

さらに損保C社も、契約の一部を他社に再保険に出すことができる。また、再保険会社という、再保険のみを専門で取り扱う保険会社も存在する。このように、損害保険会社は、お互いの契約を再保険で肩代わりし合うことで世界的なネットワークを形成していて、その全体として大数の法則を働かせているのである。

よりイメージを持ちやすくするために、図を使って説明しよう。大数の法則を成立させるためには、契約の件数が多くて、それぞれの補償額が同程度なのが理想である。それでは、現実の損害保険契約がどうなっているかというと、図の上のグラフのようになっている。契約件数が少なく、補償額も不均一ということだ。

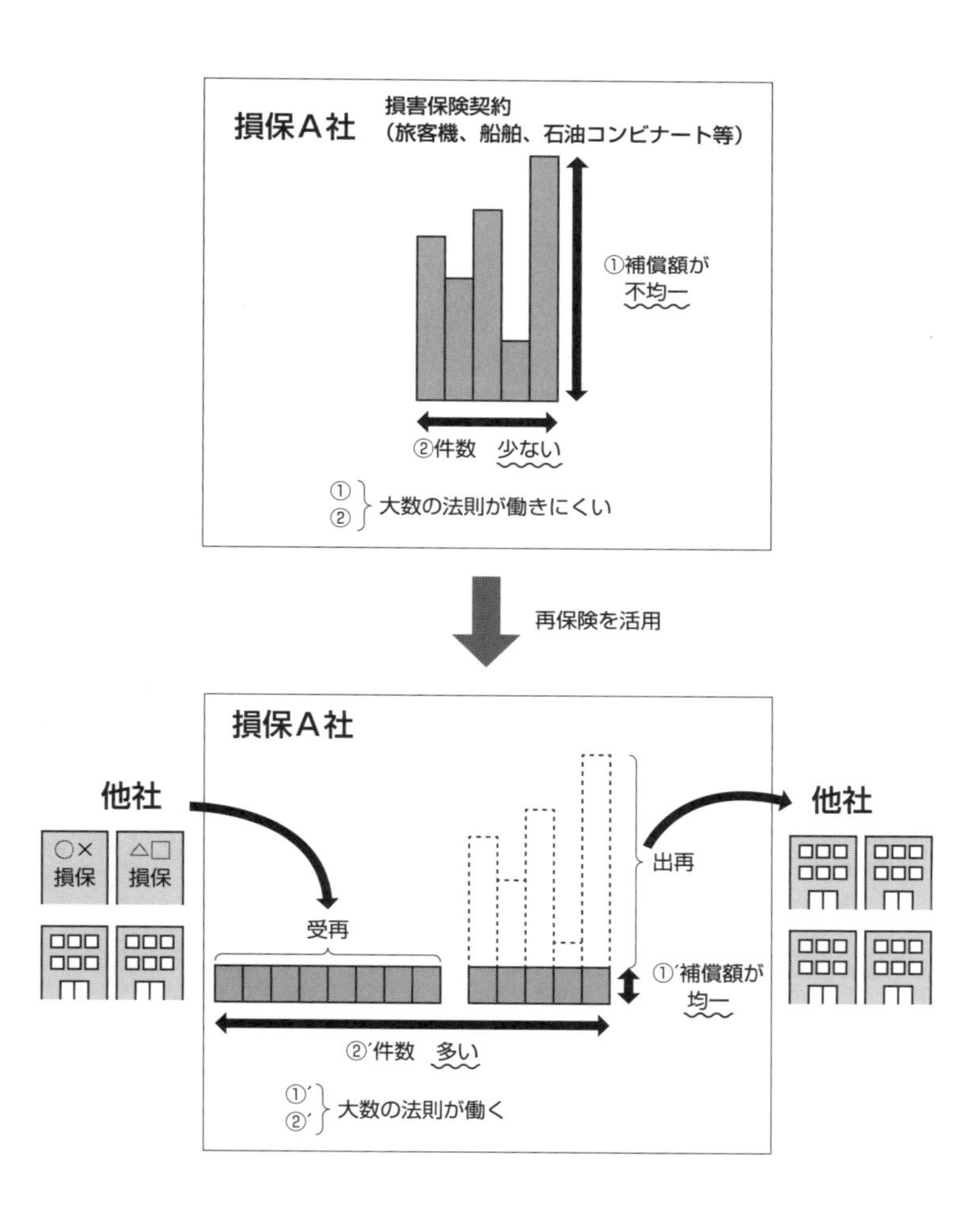

●再保険のイメージ　出再:他社へ再保険に出すこと　受再:他社から再保険を引き受けること

ここで再保険を用いると、大数の法則が働きやすい理想の状態に近づけることができる。そのことについて示しているのが、下のグラフである。自社で保有している契約のうち補償額が大きなものについては、一部を再保険に出すことで補償額を抑制する。そうやって契約毎の補償額を均一に近づけて、「同一性」を担保するわけだ。

また、大数の法則を働かせるためには契約件数を増やす必要がある。そのためには、他社から多数の再保険契約を引き受ければよい。自社だけでは契約件数を十分に確保できないので、他社から再保険契約を引き受けることで、大数の法則が働くレベルまで保有契約件数（自社の契約件数＋他社から引き受けた再保険契約件数）を増やすことができるわけだ。

船舶保険のような規模の大きな損害保険契約は、このように再保険を通じて大数の法則を働かせている。

また、自動車保険のような小粒の契約についても、大数の法則が活躍している。生命保険では死亡率を使って理論を組み立てていたが、自動車保険の場合は事故発生率を使って理論を組み立てる。さらに、生命保険と違って定額保障ではないので、事故が発生した場合にどれくらいの損害額になるかについても理論を作らないといけない。これについては、膨大な実績データの研究や理論的な考察により、事故の損害額がどういう分布に従うかが分かっている（具体的にいうと、損害額の少ない事故は起こりやすく、損害額の大きな事故はあまり起こらないので、損害額を横軸、発生件数を縦軸にとると、左側に偏った分布になる）。

そして、事故が発生する確率についての理論と、事故が発生した場合の損害額についての理論を組み合わせることで、損害保険の理論が作られるのだ。その後は生命保険と同様に、大数の法則を働かせるために「独立性」と「同一性」を担保すればよい。自動車事故は基本的にお互い無関係に起こるので「独立性」は担保される。そして「同一性」についてだが、自動車の価格は大部分が1千万円以下で、高級車の代表格であるランボルギーニでも4千万円くらいなので、数十億円の損害額なんてことはありえない。ちなみに、アンティーク車の中には価格が数十億円というものもあるらしいが、そういうのはコレクション用であって、乗り回して遊ぶ人はいないだろう。従って、特別な人がいないので、「同一性」も保たれているといえる。その結果、大数の法則によって理論と実際が一致するので、補償が可能になるのだ。

また、高級車については保険会社による加入審査が実施され、居住地域の治安や自然災害のリスク（大雨による浸水など）、車庫のセキュリティ等が調査されることがある。そして、場合によっては加入を断られる可能性もある。これは、「同一性」を保とうとする努力の一環といえるだろう。

3 大数の法則でお金を何倍にもするマジック！ 銀行の「信用創造機能」とは？

今度は銀行についてである。銀行といえば、多くの人にとっては「自分のお金を預かってくれている、安全な金庫みたいなもの」くらいのイメージしかないかもしれない。しかし、銀行は単なる金庫の代わりではなく、経済において重要な役割を担っている。それは、大数の法則を利用して、世の中に出回るお金を何倍にも膨らませるという役割である。千円札を手に握り込んで、広げてみたら1万円札になっていたというマジックをテレビで見たことがあるかもしれないが、まさにそういうことを、銀行はやってのける。

銀行の基本的なビジネスモデルは、預金者が預けたお金を企業に貸し出して稼ぐというものだ。預金金利よりも高い金利で貸し出すことで、金利差の部分（利鞘（りざや）という）が銀行の儲けになるのである。しかし、よく考えたら不思議な話である。預金者は、自分が預けたお金をいつだって引き出せると考えているし、それは当然の権利だ。けれども、そのお金が企業に貸し出し中だったら、引き出すことができないのではないだろうか？

実はここで、大数の法則が関わってくる。序章で説明したように、預金者ひとりひとりを見ると引き出すタイミングも預け入れるタイミングもバラバラだが、預金者を集団として見た場合は、大数の法則によって引き出し額と預金額がおよそ同じくらいの金額となり、銀行は困らないという仕組みであった。

経済全体を考えればタンス預金なんてほんの一部なので、世の中に出回っているお金のほとんどは預金という形で銀行の口座に入っている。企業と企業のお金のやり取りは預金の付け替えで行われるし、多くの人は給料を銀行口座への振り込みで受け取っているだろう。仮に、あなたが生活費として自分の口座から現金を引き出したとしても、その現金は近所のスーパーやコンビニでの買い物に使われ、お金を受け取った店が売り上げを銀行に預けるという形で、また銀行預金に戻るのだ。

つまり、銀行から引き出されたお金は、またすぐに銀行に戻ってくる。即ち、銀行業界全体で見れば引き出しと預け入れは（財布やタンス、金庫等に残ったわずかな現金を除いて）必ずバランスするということになる。もちろん、引き出されたお金が同じ銀行に戻ってくるとは限らないが、銀行同士も企業と企業の口座間決済などを通じてお金のやり取りを行っているので、結果としてはどこかの銀行に偏りが生じるということもなく、どの銀行も引き出しと預け入れがほぼバランスするのである。そのため銀行は、一部の現金をキープしておけば、それで預金者の引き出し・預け入れに対応できるのだ。

このような仕組みがあるからこそ、銀行は、預金のかなりの部分を貸し出しに回すことができる。預金の一部をキープしておけば残りを貸し出しに回してもいいですよという制度のことを、部分準備制度という。そして、貸し出しに回さずにキープしておく金額を支払準備と呼ぶ。支払いのために準備しておくお金、という意味である。この部分準備制度が、お金を増やすマジックの正体である。どうやってお金を増やすのかのタネ明かしをしていこう。

仮に、支払準備率が10%だったとする。そして、A銀行に預金が総額100億円あったとしよう。すると、A銀行は10億円（100億円×10%）を支払準備としてキープし、残りの90億円を貸し出しに回す。そして、貸し出された90億円は、また別の銀行の預金口座に預けられることになる。ここでは、仮にB銀行に預けられたとしよう。ここで、不思議なことが起こる。もともとは100億円だったのに、銀行の貸し出しという業務を通じて、A銀行とB銀行を合わせて190億円の預金があることになるのだ。

なぜこのようなことが起きるかを説明する。もともとの100億円は、A銀行の預金者たちが預けたお金である。つまり、A銀行の預金口座の通帳残高を全部足し合わせると100億円になるわけだ。そして、A銀行が90億円貸し出した後も、この通帳残高の総額は100億円のままである。A銀行の預金者がお金を引き出したわけではないので、当たり前のことだ。

けれども、A銀行の中には現金は10億円しか残っていない。預金者の引き出しと預け入れは大数の法則によっておよそバランスするので、10億円準備しておけば十分対応できるというわけだ。残りの90億円はどこへ行ったかというと、B銀行の預金口座に入っている。つまり、A銀行とB銀行の中にある現金の総額は100億円（A銀行：10億円、B銀行：90億円）だが、A銀行とB銀行の通帳残高の総額は190億円（A銀行：100億円、B銀行：90億円）になっているのだ。

さらにB銀行は、90億円のうち9億円（90億円×10％）を支払準備としてキープし、残りの81億円を貸し出しに回す。このとき、当然ながらB銀行の通帳残高は90億円のままである。しかし、B銀行の中には現金は9億円しか残っておらず、残り81億円はC銀行の預金となっている。

同じことが連鎖していって、お金はどんどん増えていく。世の中に出回る現金の総額は100億円で変わっていないが、A銀行、B銀行、C銀行……とすべての銀

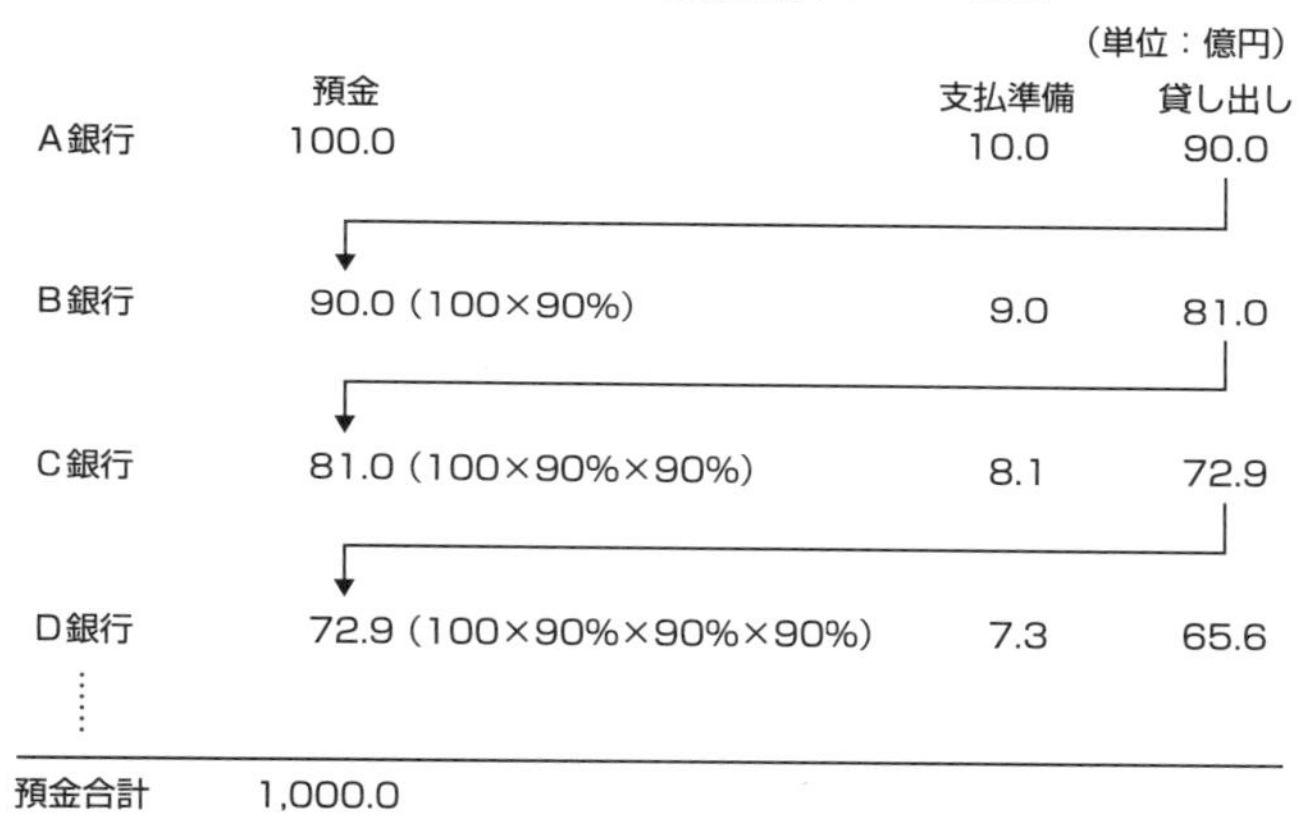

●信用創造のイメージ図

行を合わせたときの通帳残高の総額は増えていくわけだ。

最終的にはどこまで膨らむかというと、以下の式で計算される額まである。

世の中に出回ったお金＝100億円＋100億円×90％＋100億円×90％×90％＋……

要は、預金の9割が貸し出しに回り、その貸し出しは別の銀行の預金になって、その預金の9割がまた貸し出しに回って……ということがずっと続くので、すべての銀行の預金の合計値はこのような式で表されるのだ。この計算を解くには、高校で習う等比数列の公式を使う必要がある。公式に当てはめると、答えは１千億円になる。つまり、１００億円の現金が、１千億円の通帳残高を生み出したことになる。このように、銀行が世の中に出回るお金の量を何倍にも膨らませることを、信用創造という。

信用創造のスタート地点になる預金（この例の場合はA銀行の預金）のことを、本源的預金と呼ぶ。そして、そこから派生した預金（B銀行、C銀行、D銀行……の預金）のことを、派生的預金と呼ぶ。本源的預金１００億円から、派生的預金９００億円が生み出されたわけだ。

預金者は、自分の預金をきちんと守ってくれると〝信用〟して銀行にお金を預ける。そして銀行は、貸したお金を必ず返してくれると〝信用〟して企業や個人にお金を貸す。そういう〝信用〟の連鎖によってお金が〝創造〟されていくので、信用創造という名前が付いている。

銀行の持つ信用創造機能は、現代経済に不可欠である。なぜならば、企業が経済活動をするためには、まとまった大きなお金が必要だからだ。そんな大金を自力で用意するのは難しいので、銀行から借りるわけである。それに、私たちが家を買うときに借りる住宅ローンや、車を買うときに借りる自動車ローンも、部分準備制度のおかげで借りることができているといえる。もしこの制度がなくて、銀行が通帳残高と同じ額の現金をキープしておかなければならなかったとしたら、1円も貸すことができなくなるからだ。そして銀行も、貸し出しができなければ金利差で稼ぐことができないので、人件費やATMの管理費などを賄えずに破綻してしまう。

銀行は、部分準備制度のおかげでまとまった金額を企業に貸し出すことができる。お金を借りた企業はそれを原資にビジネスを展開して儲け、従業員に給料を払って、従業員がもらった給料でモノを買う。そして、自身も銀行から借り入れをして家や車を買う……という流れで経済が活性化していくのである。信用創造のおかげで、経済の規模が大きくなるというわけだ。

上記の例では、お金は10倍になったわけだが、現実の世の中では、信用創造でお金が何倍に膨らむかは経済の状況によって変わる。日本の場合、バブルの前後は12～13倍だったが、2000年代に入ると6～8倍まで低下し、最近はさらに下がって3倍程度になっている。これは、景気を良くしようと当局がたくさんお金を供給している一方で、モノが売れないから企業がお金を借りて事業を拡大しようという気にならず、貸し出しが増えていないからである。お金を借りてくれる人がいないと、信用創造は機能しないのだ。

いずれにせよ、信用創造機能が現代経済を支えていることに変わりはない。そしてそれは、大数の法則が働くことで成り立っているのだ。

4 大数の法則が、民主主義を支えている

今までは金融の話ばかりだったが、大数の法則は金融以外の分野でも活躍している。例えば、民主主義社会の意思決定に使われる多数決もそうである。私たちは子供のころから、多数決は民主的な〝良い〟決め方だと教えられてきた。だからそう信じているわけだが、なぜ多数決が〝良い〟決め方といえるのか、その根拠を集団としての意思決定を行う上で教わったことがある人は少ないのではないだろうか。

意見を集約するためにどういうやり方が望ましいかを専門で研究する、社会選択理論と呼ばれる分野がある。この分野では、個人の意見を集約して集団としての結論に達するために、どういう方法が望ましいかを数学的に研究している。

社会選択理論における最も基本的な考え方に、陪審定理（ばいしんていり）というものがある。これは、多数決で正しい答えが出る確率がどれくらいいかを数学的に示した定理だ。イメージとしては、法廷で被告が有罪か無罪かを、陪審員の多数決で決めるとする。実際の陪審制では満場一致が原則の場合が多いが、ここでは多数決で結論を出すと仮定している。被告が本当に罪を犯したのかどうかは誰も知らない。陪審員たちは、被害者の証言や現場に残された証拠、そして検察側と弁護側のやり取りを手掛かりに、推測するしかない。

ここで、陪審員の人数と判決の正しさの関係を考えてみる。陪審員が１人だけだと、その人が１００％正確に判断できないと正しい結論は出ない。３人だと、１人間違ってもよいことになるので、ひとりひとりで見れば１００％正確である必要はなくなる。そして10人だと、４人までは間違ってもよいので、ひとりひとりが正解を選ぶ可能性はさらに低くてよいことになる。このように、陪審員の数が増えるほど、1人あたりが正解を選ぶ確率は低くてもよくなっていく。最終的に、陪審員の数が十分に多い場合は、1人あたりが正解を選ぶ確率が50％より少しでも大きければ、多数決によりほぼ100％の確率で正解を選べることが分かる。

この陪審定理は、大数の法則を使って証明することができる。被告が有罪か無罪かを選ぶのは、数学的に見ればコイン投げと同じだ。例えば、裏を有罪、表を無罪とする。コインが少し歪んでいて、裏が少しだけ出やすかったとする（例えば50・1％）。そのとき、1回や2回投げた程度では、コインの歪みは結果に反映されないだろう。しかし、100回、150回と投げる回数を増やしていけば、次第に裏が多く出る傾向が分かってきて、最終的には大数の法則により裏：表の比率が50・1％：49・9％に収束するはずである。

これと同じことが、陪審定理でも起きている。有罪が正解だったとして、陪審員たちが有罪を選ぶ確率が50％より少しでも高かったとしよう（例えば50・1％）。そうすると、陪審員が大勢いる場合は、大数の法則により有罪：無罪の比率が50・1％：

49・9%に収束し、多数決で正しい選択肢が選ばれるのだ。

ここで重要なのは、陪審員ひとりひとりは大して精度が高くなくてもよいという点である。それでも、陪審員が非常に大勢いる場合は、集団としての意思決定は100%正確になるというのが、陪審定理の主張だ。もちろん、人数が限られているときは陪審員ひとりひとりの精度が重要になってくるが、非常に大勢で多数決を採る場合は、1人あたりの精度はランダムより少し高い程度でよいということである。

ただし、これはあくまで理想的な状況での話だ。実際には、陪審員が大勢いればそれだけで陪審定理が成立するわけではない。陪審定理は大数の法則がベースとなっているので、「独立性」と「同一性」が満たされなければならないのだ。陪審定理では、陪審員達は1人1票が仮定されているため、「同一性」は担保されている。問題は、「独立性」の方である。

陪審員の中に、たまたま有名大学の犯罪心理学の教授がいたとしよう。ほかの陪審員はサラリーマンだったり主婦だったり様々であるが、犯罪心理学の専門家を前にして、すっかり恐縮してしまっている。そして教授は、「この被告は絶対に無罪だ！」と強く主張している。この場合、ほかの陪審員たちは、本当は有罪だと思っていても、教授の意見に引っ張られて判断を変えてしまうかもしれない。

このケースのように、陪審員がそれぞれ自分の頭で判断することができず、誰かの意見に引っ張られてしまうような場合では、「独立性」が担保されないので陪審定理は無効になってしまう。つまり、陪審定理が成り立つためには、陪審員がそれぞれ独立した判断軸を持っていて、自分の頭で考えて結論を出さなければならないのだ。このことを、判断の「独立性条件」という。

多数決は数学的にも正しい選び方ということを、陪審定理が教えてくれている。しかし、皆がちゃんと自分の頭で考えて判断している状況でないと、多数決は機能しないということだ。ただし、判断の独立性条件は、陪審員がお互い議論を交わしたり、意見を伝え合ったりすることを否定しているわけではない。むしろ、そのような議論を通じて新しい情報や異なる視点からの考え方を学べば、陪審員たちの判断の正確性が増すことが期待される。前述のように、陪審員の人数が限られている場合は、陪審員ひとりひとりの精度が重要になってくるので、陪審員の判断の正確性が増すことは、一般的に良いことといえる。

けれども、最終的な判断は自分の頭で考えて行わなければならない。周りを見て結論を修正してしまえば、判断の独立性条件が崩れ、多数決の正当性が失われてしまうのだ。

ちなみに、多数決は選挙や株主総会のときだけでなく、実は私たちの脳の中でも行われているらしい。私たちの脳は、無数のニューロン（神経細胞）が電気信号をやり取りすることで色々な情報を処理している。ニューロンには樹状突起（じゅじょうとっき）と呼ばれる無数の枝みたいなものが生えていて、ほかのニューロンからの電気信号がそこから入ってくる。そして、軸索（じくさく）と呼ばれるコードのような組織を通じてほかのニューロンへ電気信号を送る。入力は樹状突起から、出力は軸索からというわけだ。そして、電気信号のやり取りは、シナプスと呼ばれる部分で行われる。

1つのニューロンには、何と数万個ものシナプスがあり、ほかのニューロンからの電気信号がどんどん入って来る。ニューロンの中には、電気信号の伝達を促そうとする興奮性ニューロン（いわば賛成意見）と、それを抑えようとする抑制性ニューロン（いわば反対意見）がある。そして、1つのニューロンにはその両方からの電気信号がシナプスを通じて入ってくる。電気信号を受け取ったニューロンは、賛成意見と反対意見を総括して、ある程度以上に賛成優位な場合に電気信号を出すわけだ。そうやって多数のニューロンが協力して情報処理をすることで、脳全体として安定的に活動ができるのである。

そのほかの例を出すと、人工知能の世界でも多数決が取り入れられてい

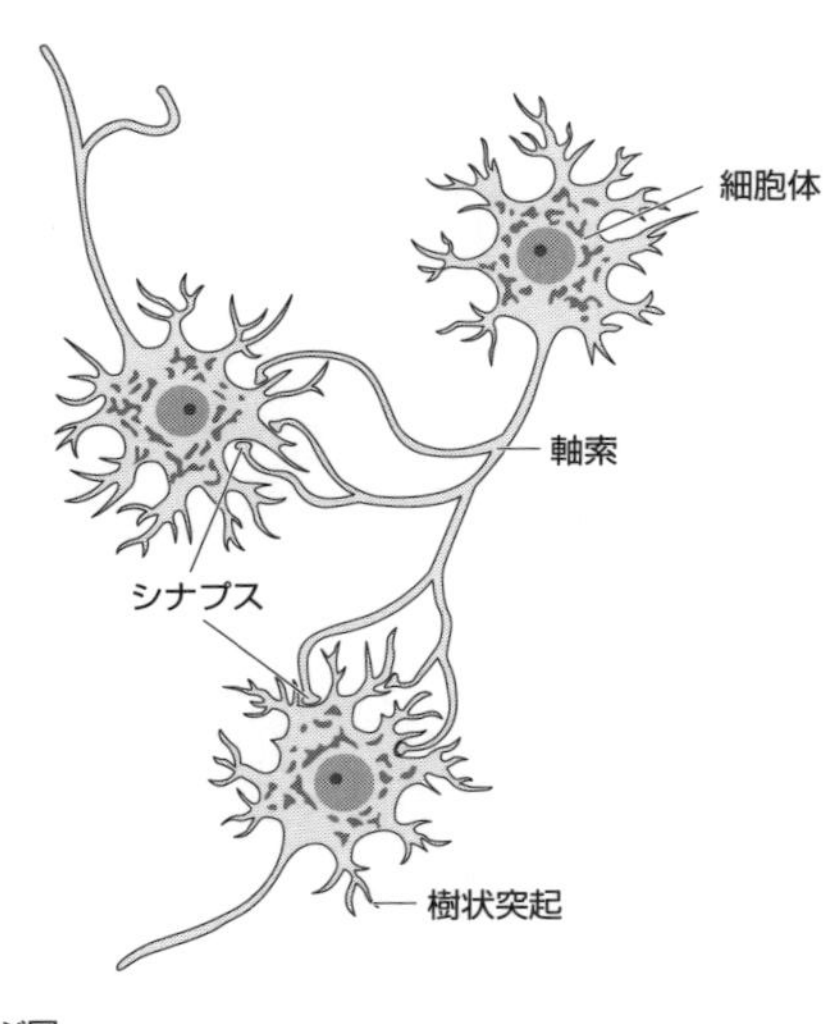

●ニューロンのイメージ図

る。機械に物事を学習させる方法は何種類かあって、それらの方法はまとめて「機械学習アルゴリズム」と呼ばれているが、それぞれのアルゴリズムには一長一短がある。アルゴリズムAは、あるケースではうまく働くけれど、別のケースではうまくいかない、といった感じである。そこで最近注目されているのが、複数のアルゴリズムを同時に動かして、多数決で結果を出させるやり方だ。このやり方は、複数のアルゴリズムを1つのまとまり（アンサンブル）として使うので、アンサンブル学習と呼ばれる。

アンサンブル学習での〝多数決〟は、一般的なイメージの多数決の場合もあれば、そうでない場合もある。例えば、選挙と同じような要領でアルゴリズムに選択肢を与えて1つを選ばせ、得票数の多い選択肢を採用する場合もあれば、それぞれのアルゴリズムに数値を予想させ、その平均値や中央値（それぞれのアルゴリズムが出した数値を小さい順、または大きい順に並べたとき、ちょうど真ん中にくる値）を採用する場合もある。要するに、何らかの形で〝意見〟を集約し、その結果を採用するわけだ。

実際に、それぞれのアルゴリズムを単独で使った場合よりも、アンサンブル学習の方が結果が良くなる例が多く確認されている。コンピューターのアルゴリズム同士で多数決を採るというのは不思議な感じがするが、人間と違って他人の意見に流されたりしないので、人間よりも多数決に向いているのかもしれない。多数決の有効性は、人間の意思決定に限った話ではないということだ。

多数決の話の最後に、面白いエピソードを紹介しよう。『「みんなの意見」は案外正しい』（ジェームズ・スロウィッキー著、角川書店）の冒頭に出てくるもので、多数決が持つ不思議な力をよく表している。

話の主役はイギリス人科学者のフランシス・ゴルトン（1822〜1911年）だ。彼は、優生学の創始者として知られる人物である。優生学とは、人々の遺伝子を改良して優秀な人を増やし、社会を良くしていこうという発想のもとに、人種改良・遺伝子操作・産児制限（ここでは、精神障がい者や遺伝子疾患を持つ人、あるいは〝劣等民族〟などが子供を産むのを禁止することを指す）などを積極的に活用していこうとする分野だ。20世紀初頭には大きな支持を得てナチスの人種政策に採用されたりしたが、今では時代遅れな学問として歴史に埋もれている。

1906年秋のこと、彼はイギリスのプリマスという地域で開かれた家畜見本市に足を運んだ。その日の見本市では、雄牛の重量当てコンテストが開催されていた。800人ほど参加者がいて、それぞれが雄牛の重量を予想して紙に書いて投票し、実際の重量と一番近い人が賞を受け取るというものだ。参加者の顔触れは様々で、畜産農家など専門的な知識を持った人もいたが、競馬好きなだけの人（馬→牛という連想？）や、牛のことは何も知らないけれども、単に面白そうだから参加したという人も沢山いた。

●フランシス・ゴルトン（写真:Mary Evans Picture Library／アフロ）

ゴルトンは、一部の優秀な血統の人々以外は信頼に値する知性を持ち合わせていないと信じ込んでおり、それを証明したがっていた。雄牛の重量当てコンテストは、様々なバックグラウンドを持つ人々が1票ずつ投票するという点において、民主主義の仕組みと共通点がある。そこで彼は、雄牛の重量当てコンテストを通して〝平均的な有権者〟の持つ能力を推し量れると考えた。彼としては、平均的な有権者は無能だと示したかったわけだ。

そこで彼は、コンテスト終了後に主催者から投票用紙を譲り受け、コンテスト参加者の予想の平均値を計算してみた。予想の平均値は、コンテスト参加者の集団としての予測能力を反映しているといえる。この数値が全く的外れなものであれば、平均的な有権者の能力は信頼に値しないと結論付けられるはずであった。ところが彼の予想に反して、コンテスト参加者の集団的な予想は非常に正確なものだった。予想の平均値は1197ポンドだったが、実際の重量は1198ポンドで、なんとわずか1ポンドの誤差で正しかったのだ。

このように、人々の集団が個々人の能力を超えた予測能力や問題解決能力を示す場合があることが知られており、人々が集合することで生み出される知性という意味で「集合知」と呼ばれている。そして、集合知が働くメカニズムにも、大数の法則が関係している。

雄牛の重量当てのケースでいえば、人々は様々な観点から自分なりの予想をしていく。ある人は雄牛の平均的な重量と体格を知っていて、それとの比較で「この雄牛はよく肥えているから、平均より1割くらい重いかな……」などと推測する。また別の人は、自分の体重と比較して、「こいつの方が俺より10倍くらい重そうだな……」などと考える。誰も本当の答えを知らないので、ある人は雄牛の重量を過大評価し、ある人は過小評価することになる。

参加者の判断がそれぞれ独立しているならば、過大評価する人の割合と過小評価する人の割合は大体同じくらいになると考えるのが自然だ。もし集団の中にリーダーがいて、その人の予想がたまたま過小評価気味だったり過大評価気味だったりすれば、他の人々も同じ方向に傾いてしまうかもしれない。けれども、今はそういうリーダーがいない状況なので、傾きは生じていないと考えるのが自然なわけだ。

そして、予想をする人が多くなると、大数の法則によって過大評価の票と過小評価の票がおよそ均衡し、平均値をとる際に過大評価と過小評価が打ち消しあって、真の値に近い結果になるのだと考えられている。

集合知の話については第3章や第4章でも改めて触れるが、ひとりひとりが自分の意見をしっかり表明すること（判断の独立性）が集合知のカギになっている。リーダーの意見に迎合する集団では、個人の能力を超えた力を生み出すことができないのだ。

5 資産運用と大数の法則

大数の法則は、経験数が多くなるにつれ、あるべき姿に収束していくという法則であった。これは、一度にたくさん行う場合にも当てはまるし、時間をかけて経験数を積み上げる場合にも当てはまる。サイコロの例でいうと、大数の法則は、1万個のサイコロを一度に振ったときにも当てはまるし、1個のサイコロを1万回振ったときにも当てはまるということだ。直感的には当たり前の話である。

今までは〝一度にたくさん行う〟例ばかりだったので、ここで、〝時間をかけて経験数を積み上げる〟例を見てみよう。そのために、資産運用の戦略の1つである、長期投資について考える。長期投資とは、自分が見込んだ企業の株などを買って長期間保有し、配当や株価の上昇を通じて利益を得る投資スタイルのことだ。確定拠出年金やNISAを通じて長期投資をすれば税制上のメリットが得られることもあり、読者の中には既にやっているという方も多くいらっしゃるだろう。また、最も典型的な投資スタイルの1つであることから、多くの金融機関や資産運用会社が関連するサービスを提供している。

長期投資で有名な人物としては、世界長者番付の常連ウォーレン・バフェットが挙げられる。彼はバークシャー・ハサウェイという会社の経営者で、資産が600億ドルを超える超大金持ちだ。バークシャー・ハサウェイは、色々な会社の株式に投資をしている。その投資方針は、実力対比で割安な水準になっていると彼らが考える企業の株式を買い、長期保有するというものである。まさに、典型的な長期投資のスタイルだ。

長期投資を実践する人たちは、割安な株を買って長期保有すると儲かると考えている。その根拠は何だろうか？　それには、大数の法則が絡んでいる。株は証券取引所というところで毎日取引されているので、その値段は毎日変化する。ある日はたまたま大口の買いが入って上昇、別の日はネガティブなニュースが出て下落といった具合だ。このように、株価は日々上がったり下がったりしているので、その株価が持つ実力よりも割安な水準になっているときがある。けれども、長期的に見れば、そういった歪みは解消されて、実力相応の株価に戻ると考えることができる。

なぜならば、株価の変動はサイコロと同じように確率的な現象と見なすことができるからだ。毎日の株価の動きには、本当はちゃんとした理由がある。例えば、ある日の株価が下がったのは、大口投資家のAさんが新しい事業を始めようとして、その資金確保のために売ったのかもしれない。けれども、証券取引所ではすべての取引が匿名で行われるし、なぜ売ったのか、なぜ買ったのかの理由を申告する必要もないので、株価がなぜ変化したのかは、結局誰にも分からない。ニュースで「本日の日経平均が下落したのは、夜間の米株の下落につられたためです」などと株価が上がった理由、下がった理由を説明していることがあるが、実は単なる推測で話しているだけである。なので、株価について分析を行うときは、株価の動きは確率的な現象で、ランダムに動いていると見なすことが多い。

この点については、サイコロと同じだといえる。サイコロをもし〝完璧に〟同じ条件で振ったとしたら、毎回同じ目が出るはずだ。サイコロを振るたびに目が変わるのは、手の力の入れ方や投げる角度、サイコロを投げ入れたお椀の表面の細かな凹凸、部屋の空気の流れ、その他諸々の理由で、毎回微妙に条件が変わっていて、そのせいで最終的に上を向く面が変わってくるからである。けれども、そういった条件の違いを完全になくすことは事実上不可能だ。だからこそサイコロは確率的な現象、つまり、1から6の目のうちどれか1つをランダムに出すものと見なされるわけだ。

株価が毎日変動するのは、サイコロを毎日投げ続けることと似ている。サイコロは、最初のうちは理論から外れた結果になりやすいが、投げ続けると大数の法則によって本来の確率に収束していく。同じように株価も、たまたま割安になったりすることはあるが、そのタイミングで買って長期保有しておくと、大数の法則によって本来あるべき価格に収束していく（つまり上昇する）と考えることができるのだ。

このように、長期保有は大数の法則を使用した投資戦略だといえる。ただし、長期保有の戦略で一番難しいのは、株価の本来の実力を推し量ることである。サイコロの場合は、それぞれの目が出る確率は6分の1だと誰の目にも明らかなので、〝本来あるべき姿〟は議論の余地もないほど単純だ。一方、株価の場合は、〝本来あるべき姿〟を見極めるのは専門家でも難しい。企業の実力や将来性は、企業が持つ理念や人材や経営方針、そして政治の動向や国際社会情勢など色々な要素が複雑に絡み合って決まってくるからだ。ウォーレン・バフェットなどの天才投資家は、その分析が非常にうまいので、うまく稼げているといえる。

また、割安だと思って株を買ったとしても、長期保有しているうちに世の中が変わっていって、その会社のビジネスモデルが時代遅れになってしまい、〝本来あるべき価格〟が大きく下がることだってありうる。その場合は、躊躇せずに売らなければならない。〝長期〟投資といっても5年や10年などの明確な投資期間の目安があるわけではなく、臨機応変というわけだ。

余談だが、大数の法則が一度にたくさん行う場合にも当てはまるし、時間をかけて経験数を積み上げる場合にも当てはまるという話は、直感的には当たり前のように感じるが、数学的な証明はまだ誰も成し遂げていないため、数学上は仮説の扱いである。この仮説のことを、専門用語で「エルゴード仮説」という。ただ、エルゴード仮説が正しいという前提で理論を構築すると現実をとてもうまく説明できるため、正しいと見なして議論を進めることがほとんどである。

6 大数の法則が機能すれば経済は安定するが、崩れればバブルになる

経済の安定にも大数の法則が貢献しているという話をしよう。ある国の経済活動がどれくらい活発かを考えるときは、GDP（国内総生産）を目安にすることが多い。日本の場合、GDPは四半期に1回公表されるので、そのたびに「2期連続でマイナス成長となり、景気後退局面入りの可能性が高まりました」とか、「GDPがプラスに転じ、景気回復の兆しが見えてきました」などとニュースでやっている。

GDPとは、ある期間（1年、四半期など）に国内の経済活動で生み出された付加価値の総和のことだ。付加価値とは、モノの値段から、それを作るのにかかった費用

を引いた金額のことである。例えば、トヨタが国内工場で３００万円の車を２４０万円（原材料費、人件費、その他諸々のコスト）かけて作ったとしたら、付加価値は60万円（３００万円－２４０万円）である。日本のＧＤＰは、そうやって日本国内で生み出された付加価値をすべて足し合わせた値である。

つまり日本のＧＤＰとは、国内の企業や自営業者などの経済主体が生み出した付加価値の合計値ということだ。当然ながら、それぞれの経済主体がどれくらいの付加価値を生み出すかには、大きな不確実性がある。悪天候が続けば農家が生み出す付加価値は小さくなるだろうし、エコカー減税が拡大すれば車が売れて、自動車メーカーの生み出す付加価値は大きくなるだろう。

けれども、日本のＧＤＰは、そこまで極端にブレたりはしない。２％上がったり１％下がったりはするが、いきなり半分になったりはしない。より一般的にいうと、日本を含めた先進国のＧＤＰ成長率は大体±５％くらいの範囲に収まっていて、そこまで極端に変動することはない。これは、大数の法則が働いているからと考えることができる。

もし、日本国民が3人しかいなかったとする。そして、日本全体のGDPが仮に1千200万円だとしよう（本当は500兆円以上だが、「例えば」の話とする）。その場合、1人当たりGDPは400万円（1200万円÷3）になる。3人は一生懸命働いて日本経済を支えていたが、あるとき、そのうち1人が「俺、旅に出る」といって、突然インドへ旅立ってしまった。そうするとどうなるか？　今まで3人で日本経済を支えていたのに、これからは2人で支えなければならなくなる。すると、1人当たりGDPは400万円なので、単純計算で日本のGDPは800万円になってしまう。1人抜けたことで、経済力が33%も落ちたのだ。

このように、人口と経済の安定性は密接に関係している。ひとりひとり、またはそれぞれの企業が労働によって生み出す経済的価値は、色々な理由で大きくブレる。つまり、それぞれの経済主体が生み出す付加価値は、サイコロの目と同じように確率的に変動するのだ。けれども、無数の経済主体が集まった〝日本経済〟という全体で考えると、大数の法則によってGDPが安定してくるのだ。

しかし大数の法則は、人口が多ければ必ず働くというわけではない。「独立性」

や「同一性」が担保されなければならないのであった。このことを経済に当てはめて考えると、少数の財閥や大企業が国の経済を支配するのは良くないということになる。

日本には独占禁止法という法律がある。限られた企業や財閥が業界を独占してはいけませんという法律だ。このような法律は、日本だけでなく、先進国・新興国問わず多くの国で制定されている。例えば、米国では反トラスト法、欧州連合ではEU競争法といった具合に呼び名は違うが、法律の理念は同じである。

独占をなぜ禁止するのか？　経済学の教科書には、「企業の競争を促すため」と書いてある。企業が競争することで安くて魅力的な商品が生まれるので、競争を妨害する〝独占〟は許さないというわけだ。確かに、とても説得力のある説明だと思う。けれども、私たちが経済に求めているのは、安くて魅力的な商品だけではないはずだ。

それと同じくらい大切なのは、経済の安定性ではないだろうか。私たちは、競争によって「豊か」な経済を手にしたいのはもちろんだが、それだけでは不十分で、さらに貪欲に「豊かで安定」な経済を求めているのだ。戦国時代や江戸時代のように、度々食料が不足して一揆を起こさなければならない経済には戻りたくないのである。

ここで、独占禁止法のもう1つの役割が見えてくる。ある業界が多くの企業から成り立っていて、お互いに競争していたとする。その場合、それぞれの企業には独自の経営組織があって、それぞれ独立に経営判断を行っている。多くの企業があって、それぞれの判断や行動が独立しているということは、そこに大数の法則が働くということだ。一方、ある業界が独占状態にある場合は、その独占企業の経営陣の判断で業界の運命が決まってしまう。この場合、判断の「独立性」が担保されていないので、大数の法則は働かないことになる。

経営判断が異なれば、うまくいって儲ける企業もあれば、うまくいかず損失を出す企業も出てくるだろう。けれども、無数の企業をグループとして考えれば、大数の法則によって安定した経済活動を営むことができるということだ。大数の法則は、偶然によるブレを小さくして、あるべき姿に収束させるという役割を持つ。経済の場合も同じで、大数の法則が働くことで安定していくのだ。

つまり、独占禁止法は、企業の競争を促すのに加えて、企業の経済活動の「独立性（経営判断の独立性）」や「同一性（独占企業や財閥などの特別なヤツがいない）」を担保して大数の法則が働く環境を維持するという役目もあるといえる。独占禁止法は、大数の法則を通じて経済の安定性に貢献しているのだ。

ただし、独占禁止法が目を光らせている国でも、多くの企業が同じ判断をしてしまって大失敗するといったことは起こり得るので、注意が必要だ。それはどういうときかというと、バブルが発生しているときだ。代表的な例として、1980年代後半から90年代初頭にかけての日本のバブル景気や、2000年代のアメリカの住宅バブルとその後の世界金融危機（2007～08年。日本ではリーマンショックという名で知られている）が挙げられる。

日本のバブル景気については、色々な逸話が残っている。万札を振りかざさないとタクシーが止まってくれなかったとか、銀座のホステスに100万円ものチップを渡す人が珍しくなかったとか。有名な話として、山手線の内側の地価だけでアメリカ全土が買えたそうだ。実際に、当時の日本の地価は異常なほどに高騰していた。
地価を評価するのによく使われる指標として、地価の対ＧＤＰ比率というものがある。国の経済が発展していくと、土地を借りて生産活動をした場合の生産性も上がってくる。例えば１００ヘクタールの土地に工場を建てる場合、豊かな国の方が高度な設備やレベルの高い人材を投入できるので、生み出せる付加価値が大きいというわけだ。そのため、国や地域の地価が割安か割高かを見る場合、地域のＧＤＰと比較することが多い。

では、バブル期の日本の土地時価総額（日本全土の地価の合計）がどの程度だったかというと、何とＧＤＰの６倍近くに達していた。同時期のアメリカにおける土地時価総額の対ＧＤＰ比率が1倍程度だったことを考えると、いかに異常な数字かが分かるだろう。それにもかかわらず、当時の日本では、土地の価格は下がらないという〝土地神話〟が信じられていた。

そういう状況の中で日本の銀行は、土地を担保にして企業にお金を貸しまくっていた。担保とは、お金を借りた企業が経営悪化などの理由でお金を返せなくなった場合のことを考えて、銀行側が予め「お金を返せなくなった場合は、これを差し押さえます」といって指定しておく物品や土地などのことをいう。

土地を担保にする場合、お金を返せなくなったときは銀行がその土地を差し押さえて、売り払うことでお金を取り戻すということだ。けれども、土地を担保にするというのは、実は結構危険なことである。例えば、10億円相当の土地を担保に、企業に10億円を貸したとしよう。その後、企業の経営が悪化し、お金を返せなくなってしまった。そこで担保の出番なわけだが、もしこの時点で土地の価値が5億円まで下がっていたら、土地を売って現金に変えても5億円しか賄えない。銀行は、残りの5億円を貸倒損失（かしだおれそんしつ）（貸したお金を踏み倒されて出た損失）として計上しなければならない。

当時の日本の銀行は、地価は下がらないという土地神話を信じていた。もし企業の経営が悪化しても、担保の土地を差し押さえて売ればお金を回収できると考えていた。だから、貸し出し実績を積み上げるために、大した審査もせずに貸しまくったわけだ。

その結果、バブルが崩壊すると大変なことが起きた。多くの企業の経営が悪化してお金が返せなくなった上に担保の土地も値下がりしたので、回収できない債権、即ち不良債権が積みあがって、多くの銀行が破綻したり経営危機に陥ったりしたのだ。

当時の日本にも、もちろん独占禁止法はあった。けれども、多くの銀行が土地神話を信じ、同じ行動に走ってしまっていたわけだ。

次に、米国の例を紹介する。２００７~08年に起きた世界金融危機の発端は、米国の住宅バブルに乗じたサブプライムローンの流行といわれる。サブプライムローンとは、あまりお金持ちでなくて信用力がイマイチな人たち（サブプライム層）に家を買うための費用を貸し出す、住宅ローンの一種のことだ。なぜ信用力がイマイチな人にお金を貸したいかというと、高い金利が取れるからである。お金持ちで信用力が高い人（お金を必ず返してくれる人）は、取りっぱぐれがないので、「低い金利でもいいよ！」といって皆がお金を貸したがる。一方、信用力がイマイチな人は、自己破産してお金を返してくれなくなるかもしれないので、その分金利を高くして貸し出すわけだ。

けれども、きちんと返してくれるという前提なら、信用力がイマイチな人にお金を貸した方が、金利が高い分儲かる。当時のアメリカの金融機関は、信用力がイマイチな人にサブプライムローンでお金を貸しまくり、家を買わせていた。担保は何かというと、その家自体である。住宅価格がずっと上がり続けていたので、貸した人がお金を返せなくなっても、担保にしている家を差し押さえて売れば回収できると考えていたのだ。

さらに、米国の金融機関は、そうやって貸し出したローンから得られる利益を小分けのチケットに切り分けて世界中の金融機関に売りまくっていた。そのチケットのことを、不動産担保証券（ＭＢＳ）という。これは、１口馬主制度と似た仕組みである。１口馬主とは、１頭の競走馬を買う費用を40〜５００口くらいに分けて、一般の人に出資を募るという制度だ。１人で何口買ってもいいわけだが、買った人は持っている口数に比例して、その競走馬が稼いだ賞金の分配を受ける。

同じようにＭＢＳは、住宅ローンから得られる利益を小口に分けたものだ。１口馬主の場合は利益の源泉はレースの賞金だったが、ＭＢＳの場合は住宅ローンの債務者が支払う利子と元本である。住宅ローンの債務者は、債権者である金融機関に利子と元本を支払っていく。金融機関は、債務者から受け取ったお金（利子や元本の返済金）をＭＢＳの購入者たちに分配する。つまり、ＭＢＳの購入者は、債権者としての利益を得られるのだ。前述のようにサブプライムローンは高い金利で貸し出されているので、サブプライムローンのＭＢＳを買えば儲かるということである。

ＭＢＳを売る側は、専門的な計算によってローンの価値（いくらで販売すべきか）を算出したのち、そこに手数料を上乗せして実際の販売価格を決める。売ることで債権が現金に変わるのでリスクはなくなるし、手数料も得られるわけだ。

そういうことを多くの金融機関がこぞってやっていたのだが、２００７年から雲行きが怪しくなっていった。住宅価格が下がり始めたのだ。住宅価格があまりに高くなりすぎて、買える人がいなくなってきたのである。作りさえすれば高く売れると思って家を作りまくっていた不動産会社は、急に在庫を大量に抱えることになって、値引きせざるをえなくなってきたわけだ。

そして、信用力がイマイチな人たちは、案の定「やっぱりお金返せません」と言ってきた。金融機関としては、そういう場合は家を差し押さえて資金を回収しようと考えていたわけだが、担保の家自体の価格が下がっているので、あてが外れてしまった。

ここにきて、世界中の金融機関が心配したのは、「MBSから、どれくらい損失が出るのか」ということである。けれども、住宅がどれくらいまで値下がりするかは誰にもわからない。なので、金融機関の経営陣は「よくわからないから、とりあえず売ろう！　値段は相手の言い値で構わない」と判断し、MBSをとにかく売り払ってしまうことにした。そして、MBS市場の暴落を招いたわけだ。

こうして、多くの金融機関が予期せぬ大損失を被り、経営危機に陥った。最も人々を驚かせたのは、当時AAAの格付けを持ち、世界最大級の金融機関だったリーマン・ブラザーズの破綻である。リーマン・ブラザーズは、サブプライムローン投資から巨額の損失を計上したことにより経営が悪化し、6130億ドル（約64兆円）という天文学的な負債を抱えて破綻してしまった。そして、リーマン・ブラザーズと取引していた多くの金融機関に損失が波及するなどして、その後の金融危機へと繋がっていったのだ。

バブルのときは、企業も投資家も独立して判断しなくなり、皆同じことを考えるようになる。サブプライムローンの例でいえば、貸した金を返してくれなくても家を差し押さえればよいと皆が考えていた。「そのとき、もし家の価格が下がっていたら……」と考えた人はいなかったわけだ。というか、仮にそういうことを考えた人がいたとしても、MBSに投資しないという決断を下すのは非常に難しかったはずだ。金融機関に勤める者にとって、価格が上がり続けているときに「自分は買いません」と宣言するのは極めて難しい。上司を説得するのは至難の業だし、そのまま価格が上がり続ければ、買いのタイミングを逃した能無しとして出世の道が断たれるか、最悪クビになってしまうからだ。結果として、皆が同じ行動に走ることになる。

著者は、駐在員としてアメリカに住んでいた経験があるが、給与支払いのためにアメリカの銀行の口座が必要だと言われて口座開設に行ったとき、中年のインド系男性が口座開設員として対応してくれた。その人のブースに行くと、壁に写真や賞状がたくさん貼られていた。それらは、ＭＢＳの販売で高い業績を上げたことを称える賞状や、授賞式の写真だった。そして、写真に記された撮影日や賞状に記された日付を見ると、どれもアメリカの住宅バブルの時期のものであった。

アメリカの金融機関では部門をまたいだ人事異動というのはあまりないので、その人は、世界金融危機後にＭＢＳ部門から追い出されてしまったのかもしれない。いずれにせよ、バブルが多くの人の人生に影響を与えたことは事実だ。

それだけ多くの人に影響を与えるバブルだが、未然に防ぐのは難しいといわれている。人は、まわりに影響されやすい生き物だ。周囲が大儲けしているのに、自分だけ「バブルかもしれないから、自分はやらない」と判断することは容易なことではない。実力相応の繁栄なのか見せかけの繁栄（バブル）なのかを見分けるのはとても難しいのだ。

なぜバブルの防止が難しいかというと、人の判断について「独立性」を保つことが難しいからではないだろうか。バブル時代の日本の銀行も、米国のサブプライムローンも、普通は融資の審査は厳しく行うのが定石なのに、大した審査もせずに貸しまくっていた。しかもその根拠が、日本の場合は土地神話、米国の場合は「住宅価格がこれからも上がるはず」という思い込みであった。どちらも、金融の専門家とは思えない無責任な行動に見えるが、実際にバブルの最中にいるときは、それがバブルなのか、単なる好景気なのかを見分けるのは至難の業だ。後世の人は「冷静に考えたら分かるじゃないか」と思ってしまうが、バブルの中にいるときは、冷静に考えること自体が難しいのだ。

人は自分の頭で考えているように見えても、知らず知らずに他人の考えの影響を受けてしまう。もちろん、ほかの人の意見を聞いた上で、最後は自分で判断を下すというのならよいが、いつのまにか人の意見に流されていたりするものだ。前述の多数決の例で出てきた「判断の独立性条件」は、実はかなり厳しい条件だといえる。つまり、多数決のような〝人々の意見のまとめ方〟に大数の法則を活用するのは、そう簡単ではないということだ。逆にいえば、この点について深く考えていくと、世の中を良くしていくヒントが見つかるかもしれない。

というわけで、第3章では大数の法則を世の中で活用するためには何が必要かについて考えていきたい。

第 3 章

大数の法則を
社会に活かす条件とは?

1 大数の法則を社会に活かすための4つの条件

第2章では、大数の法則が私たちの生活に深く関わっていることを見てきた。紹介してきた事例を総括して考えると、大数の法則が社会に活かされている様々な場面において、ある共通の条件が満たされていることに気付く。その条件とは、以下のようなものである。

条件1　多くの参加者がいること
条件2　それぞれの参加者が独立して判断・行動していること（独立性）
条件3　特権階級が出てこないようなルールがあること（同一性）
条件4　大数の法則を活用するための仕組みが整っていること

条件1は、大数の法則が成り立つための最も基本的な条件だ。生命保険の場合は、多くの契約をまとめて管理することで、大数の法則を働かせる。銀行では、預金者の預金引き出しと預け入れの金額が大数の法則によっておよそ同じくらいの金額になるので、預金の大部分を貸し出しに回せるのであった。また、損害保険会社では、船舶保険のように契約数を増やしにくい種類の保険について再保険を活用することで大数の法則を働かせているのであった。

条件2は、大数の法則が成り立つために必要な「独立性」の条件である。「独立」とは、それぞれが互いに影響を及ぼさず、無関係であることを指す。生命保険でいうと、戦争等の特殊な状況を除けば、誰かが死亡するタイミングと別の誰かが死亡するタイミングは互いに無関係といえるので、「独立性」が保たれていると見なせるのであった。銀行預金では、各々の預金者がお金を引き出すタイミングや預け入れるタイミングはバラバラで互いに無関係なので、「独立性」が保たれているといえる。また、多数決の場合は、メンバー各位がほかのメンバーの意見に流されることなく、自分の頭で考えて判断するという「判断の独立性条件」が成り立たなければならないのであった。

条件3は、特別な影響力を持つ人が出てこないようにするという「同一性」の条件である。生命保険では、医学的審査や最高保険金額の制限によって、死亡率の高い人の加入や飛び抜けた保障額での契約を防ぐことで「同一性」を保っているのであった。また多くの国では、日本の独占禁止法と同じような役割の法律があり、経済における特権階級の登場を防いでいる。そうすることで「同一性」と、企業の「独立性」を保っているのであった。また、多数決においては、特権的な人がすべてを決めてしまうのではなくて、ひとりひとりが投票権を持っていることが重要なのであった。

条件4は、大数の法則を働かせ、それによって得られた恩恵を人々に還元する仕組みが必要ということである。

生命保険の場合は、生命保険会社がその仕組みを提供している。生命保険の仕組みがうまく働くためには何万人、何十万人という契約者がいなければならないが、それだけ多くの契約者を集めるのは容易なことではない。けれども私たちは、生命保険会社と保険契約を結ぶだけで、そのような集団に簡単に参加することができる。契約者は、単にライフコンサルタントの話を聞いて必要書類を提出するだけで、大数の法則が働くほど巨大な相互扶助の集団に加わることができるのだ。

銀行預金の例でいうと、大数の法則のおかげで銀行は企業に融資を行うことができ、それが経済の繁栄に繋がる。この場合は、銀行を通じて大数の法則の恩恵が人々に還元されているわけだ。

多数決も同様に、大数の法則によって判断の精度を向上させ、その結果を〝民意〟や〝判決〟といった形で社会に還元する仕組みであるといえる。

このように、ただ多くの人がいればよいという話ではなくて、大数の法則を活用するような仕組みが整えられていなければならないのだ。

2 現代社会は、なぜ大数の法則を活用できるようになったのか

以上のように、大数の法則が活用されている場面では、常に1～4の条件が成り立っていることが分かる。そして、ひとつひとつの事例を見てみると、これら4つの条件を成り立たせるためには、制度や仕組みをかなり作り込まなければならないことが分かるはずだ。人類の歴史の中で、大数の法則の活用が近代以降になってよ

うやく進んできたのも、この点に理由がある。つまり、それ以前の社会では、大数の法則を活用するのに必要な社会的土台や、仕組みが整っていなかったのだ。

では、現代社会とそれ以前の社会では、具体的に何が違うのだろうか？　条件1～4を満たすために必要な仕組みが、現代社会の中でどのように実現されているかを見ていこう。

条件1（多くの参加者）について：現代人は豊かで、お互いを信用している

信用で広がっていく経済

第2章3節で、信用創造の話をした。預金者の引き出しと預け入れの総額が大数の法則によっておよそ同じくらいの金額になるので、銀行が預金の大部分を企業への融資に回すことができて、その結果、世の中に出回るお金が何倍にもなるという話だ。

今の世の中では、自分のお金を銀行に預けるということを、誰でも当たり前に行っている。お金をすべてタンスにしまっているという人はほとんどいないだろうし、

株や投資信託などをやっていて、株券や投資信託受益証券を自宅の金庫に入れて保管しているという人はまずいないだろう。わざわざ自分で管理しなくても、株などの運用資産は、信託銀行という専門の金融機関が管理してくれる。

銀行にしろ信託銀行にしろ、勤めているのは赤の他人だ。要するに現代人は、自分の資産の大部分を他人に任せていることになる。手元にあるのは、財布の中の現金くらいである。この事実は、現代社会が信用で成り立っていることのすごさを端的に表しているといえる。私たちは、最寄りの支店の銀行員や信託銀行の事務担当者の名前を知っているわけではない。名前も知らない赤の他人に、ほぼ全財産を任せているのだ。

昔の人は、自分のお金を自分で管理していた。新約聖書には、主人が下僕にお金を預けて、下僕がそのお金を土に埋めて隠しておくという話が出てくる。地面が金庫代わりというわけだ。また、江戸時代の庶民は、貯めたお金を壺に入れて土に埋めるなどして隠していたようだ。商人の場合は、土蔵や銭函（ぜにばこ）（江戸時代の金庫のようなもの）に保管していたらしい。

お金の管理を他人に任せるとしたら、その他人はよほど信用のおける人物でなければならない。江戸の人たちも、お寺にお金を預けたりはしていたらしいが、それは「お寺の坊さんは仏の教えを守っているわけだし、信用できるだろう」と考えてのことだ。けれども、現代の私たちは、銀行員に人格的に優れていることや、篤い信仰心を持っていることを求めてはいない。そして、どんな素性の人かもまったく知らない。それでも信用しているし、だからこそ銀行システムが成り立っている。

それでは、なぜ現代人は赤の他人を信用できるのだろうか？　ここで、「信用」とは何かについて考えてみよう。信用できる人物とはどんな人かというと、期待通りの成果を出してくれる人や、自分が受け入れがたい行動（浮気など）を取らない人のことだ。つまり、自分を裏切らない人ということだ。では、裏切らないとはどういうことかというと、「相手はこうするはず」と自分が思っていることと外れた行動を取らないということである。つまり、信用できる人とは、自分の知っているルールから外れた行動を取らない人のことである。

私たちがなぜ、名前も知らない銀行員を信用できるのかというと、私たち全員が法律という共通のルールの中で生活しているからだ。その銀行員も自分たちと同じルールに縛られていて、万が一ルールを破れば罰則を受けることになる。あえて罰則を受けたい人などいないだろうから、その銀行員はお金をちゃんと管理してくれるに違いないと考えることができる。つまり信用することができるわけだ。

昔の人たちは、自分の家族や村の住民など、互いによく知った相手しか信用していなかった。そのため、経済的な取引を行う相手も極めて限定されていた。結果として、小規模な経済圏があちこちに散在している状態だった。一方で現代は、明文化されたルール（法律や商習慣）を皆が共有しているので、個人的によく知らない人とも経済的な取引を行うことができる。そのため、非常に大規模な経済圏を生み出すことができたのだ。現代社会の繁栄は、人々が歴史上かつてないほどに他人を信用することで成し遂げられたといっても過言ではない。

生命保険などは、その最たる例といえる。生命保険は、加入したらすぐに恩恵を受けられるというものではない。今の自分にとってみれば、せっかく稼いだお金が保険料として出ていくだけで、何の得にもならないわけだ。いつになるか分からないが、自分が死亡したとき必ず保険金を支払ってくれると信用して保険料を払い続けているのである。

このようにして、信用が重要な役割を担っている経済のことを、信用経済と呼ぶ。

●自然経済のイメージ。物と物を交換

経済学では、世の中は次のような3段階のステップを経て発展していくと考えられている。

自然経済（物々交換）→ 貨幣経済 → 信用経済

原始的な経済では、人々はモノとモノを交換することで経済活動を行う。自分が仕留めたイノシシの肉と、近所の漁師が獲った魚を交換するといった具合だ。

このような経済のことを、自然経済と呼ぶ。けれども、物々交換だと色々不便なことがある。互いに欲しいものがマッチしなければ交換できないし、魚や肉は放っておくと腐ってしまうので、〝貯金〟ができない。なので、モノの価値の尺度となり、かつ腐ったりせず長期の保管ができる

〝お金〟を交換の手段として使うようになったのだ。そうすれば、お金を貯めておいて、好きなときに好きなモノやサービスと交換できる。このような、お金を使う経済のことを貨幣経済という。

貨幣経済が発展していくと、お金が必要で困っている人と、お金が手元に余っている人が出てくる。そこで、お金が余っている人は、必要としている人にお金を貸して、その対価としてレンタル料（金利）を取るようになる。つまり、人を信用してお金を貸す代わりに、お金のレンタル料で儲けるというビジネスをする人が現れるわけだ。このようにして、貨幣経済から信用経済へ移行していくわけである。お金を貸して金利で儲けるというビジネスモデルは、現代の銀行や消費者金融に引き継がれている。

現代社会は、高度に発達した信用経済で成り立っているといえる。何かビジネスをしようとするときは大きなお金が必要なので、ポケットマネーで資金を賄うのは難しい。だから、企業は銀行からの借り入れや、社債の発行で資金を調達する。銀行借り入れの場合は銀行からまとまったお金を借りることになるし、社債発行の場

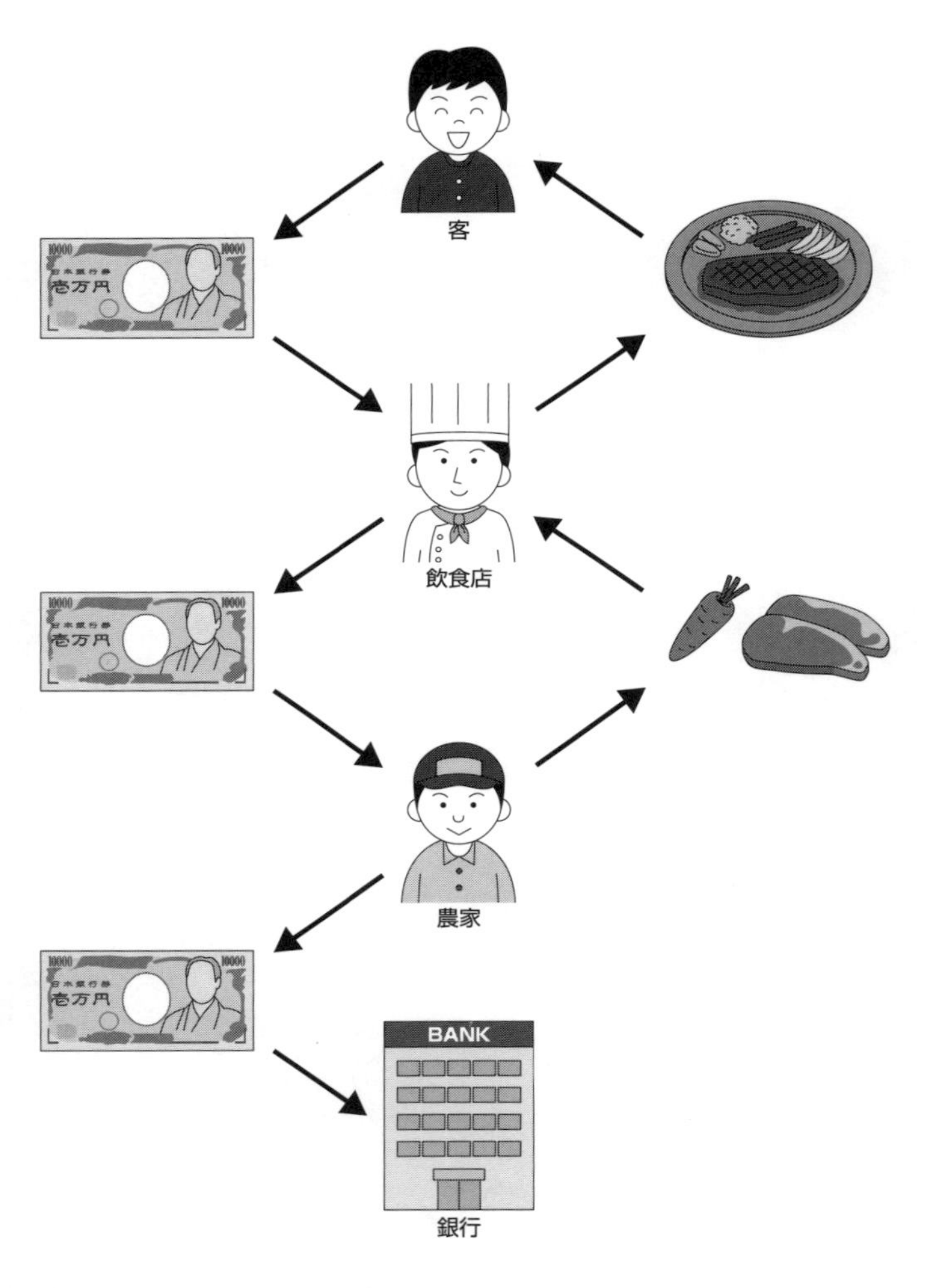

●貨幣経済のイメージ。お金を媒介として商品やサービスをやりとりする

合はたくさんの投資家に少しずつお金を貸してもらう（社債を買うことは、お金を貸すことと一緒である）ことになる。どちらにせよ、お金を貸す側は、その企業を信用して貸すわけである。

普通、人と人がお互い信用し合えるような関係を築くには、長い時間が必要だ。例えば結婚相手を選ぶときは、最低でも2～3年は付き合わないと信用の置ける人物か判断できないと考える人も多いだろう。中には、息子・娘の結婚相手に対して、探偵事務所に依頼して素性調査をする親すらいるらしい。

ビジネスでも同じことで、採用選考のときは、必ず履歴書の提出を要求される。経歴を見て、信用に値する人物かどうかの判断材料にしているのだ。無事採用された後も、上司や職場の仲間から本当に信用されるようになるには少なくとも2～3年はかかるだろう。

このように、誰かと信用し合える関係を築くには、最低2～3年は必要なのではないかと思う。けれども、お金を貸したり借りたりする際に、そこまで時間をかけて相手の信用を確かめるのは難しい。

例えば社債の投資家が１００人いるとして、社債を発行した企業の社長や役員、従業員たちが信用に値するかを確かめるために２〜３年を費やすことが現実的に可能だろうか？　１００人の投資家が毎日会社を訪問して、１日中オフィスでの働きぶりを観察し、従業員全員の履歴書を熟読し、探偵を雇って素性調査をする、なんてことは、時間的にも労力的にもまず不可能だ。

信用が支える現代社会

けれども、法律で支配された現代社会では、そのような苦労をする必要はない。何事にもルール（法律や商慣行）が定められていて、相手も自分たちと同じルールに従っていることが分かっているので、相手が信用できるとみなして取引を行うことができるのだ。法律や商慣行が全員に強制されていることが、結果として、個人的によく知らない相手との取引を可能にしているのである。

もちろん、銀行が企業に融資を行う際は審査があるし、社債の投資家も企業の財務体質や収益見込みについて詳細な分析を行う。場合によっては、粉飾決算を疑うこともある。けれども、審査のやり方や、粉飾決算を行った企業がどういう罰を受けるかなどは、すべてルールで決まっている。自分も相手もゲームのルールに従って行動すると分かっているので、決まった手続きだけ行えばよいのだ。つまり、信用が制度化されているということだ。

ビジネスにおいて人脈作りは非常に大事だが、特定の人物に絞れば十分だ。社長は取引先の社長やメインバンクの融資担当者と、ベンチャー企業のＣＥＯは業界の著名人と個人的な信頼関係を築いていけばいい。取引に直接的・間接的に関係しているすべての人物に対して、相手が人間的に信用できるかどうかを、何年もかけて確かめる必要はないのである。極端な話、取引の相手が匿名の場合すらあるわけだ。

実際、証券取引所に上場されている株式などは、すべて匿名で取引されている。トヨタ株を今日誰が買って、誰が売ったのかは、誰にも分からないようになっている。トヨタ株を注文する人は、例えば「トヨタ株を６千８００円で１千株買い」のように、銘柄・価格・株数・売り／買いだけを取引画面に入力すればよい。自分の名前や住所、学歴や職歴を入力する必要はないのだ。

ルールがあるからこそ多くの人が取引に参加することができる。名前も素性も知らない人と取引することが、現代社会では当たり前のように行われている。結果として多くの人が経済活動に参加し、大数の法則が働くようになったのである。

このように、ルールが決まっていることで相手の信用度を確かめる手間が省け、大数の法則が働くほど大勢の人が経済に参加できるようになったことが、現代経済が発展した理由の1つといえる。

企業にとっても個人にとっても、現代社会で生きていく上で信用はとても大切だ。日本には、「三方よし」という言葉がある。「売り手よし、買い手よし、世間よし」ということで、商売相手や世間に信頼されることで商売が繁盛するという考え方だ。このような考え方は、企業の長期的な繁栄を実現する上ではとても大切で、レピュテーションリスク（評判リスク）をいかに管理するかということが経営上の大きなテーマとなっている。

レピュテーションリスクとは、企業が取引相手や世間からどのようなイメージを持たれているかということが、業績に影響を及ぼすリスクのことである。フォルクスワーゲンの排ガス不正問題のように、ひとたび世間の評価が下がれば経営に大きな打撃となる。また、従業員を大切にしない企業も批判の対象となることがあり、最近ではブラック企業大賞なるものが毎年発表されている。大学教授や弁護士からなる選定委員が、労働環境に問題ありと思われる企業を選定して〝表彰〟することで、労働環境改善へ向けての取り組みを促すという趣旨のものだ。メガバンクが反社会勢力に融資を行っていたとしてニュースになったこともあったが、そういう情報に世間は敏感に反応する。

個人の視点で見ても、周囲から信用を得ることはとても重要なことである。巷には、上司や顧客からいかに信用を得るかというノウハウが書かれたビジネス本が溢れている。個人にしても企業にしても、世の中が信用で繋がっている時代だからこそ、信用の構築と維持に真剣になるわけだ。

このようにして、経済が信用のネットワークによって大きく拡大したことが、大数の法則が働きやすくなった理由の1つといえる。

豊かになることで、さらに大数の法則が働く

さらにいえば、経済が発展すれば中間層が豊かになってくる。そうすれば、さらに大数の法則が働くようになる。例えば、自動車保険が成り立つのは、自動車を買えるくらいに裕福な人がたくさんいるからだ。多くの人が自動車保険に加入しているからこそ、自動車保険において大数の法則が働き、合理的・科学的な運営が可能になるわけである。第2章6節で、経済主体が独立して判断していくことで大数の法則が働き、経済の安定に繋がるという話をした。このことは、企業だけでなく家計にもいえる。多くの家計がそれなりの経済力を持ち、何にお金を使うか、どうやって稼ぐかを独立して判断することで大数の法則が働き、経済の安定と繁栄に繋がるわけだ。逆にいえば、ごく一部の人が富を独占していたら、大数の法則は働きにくくなってしまうということだ。

貧富の差がどれくらい激しいかを示す有名な指標に、ジニ係数というものがある。この指標は、1936年にイタリアの統計学者コッラド・ジニ（1884〜1965）によって考案されたもので、数字が大きいほど貧富の差が激しいことを示している。

世界各国のジニ係数を次ページの図に示したので見て頂きたい。先進国はジニ係数が相対的に低く、新興国は高いことが分かる。なぜ貧富の差が問題なのかということについては、普通は社会不安とか、犯罪の増加とかに関連付けて議論されることが多いが、富が一部の人に集中することで大数の法則が働きにくくなり、経済の安定性が損なわれてしまう可能性が高まるからという見方もできる。先進国の経済が新興国に比べて安定しているのも、富の偏在性が低いことが要因の1つといえるのではないだろうか。

公平な競争の結果としての経済格差はある程度受け入れなければ労働者の意欲を削いでしまうが、あまりに富が局在しすぎると、経済の安定性を損ねてしまうということだ。

条件2（独立性）について：人々の自由が保障されていることで、「独立性」が担保される

自由な判断主体を増やそう

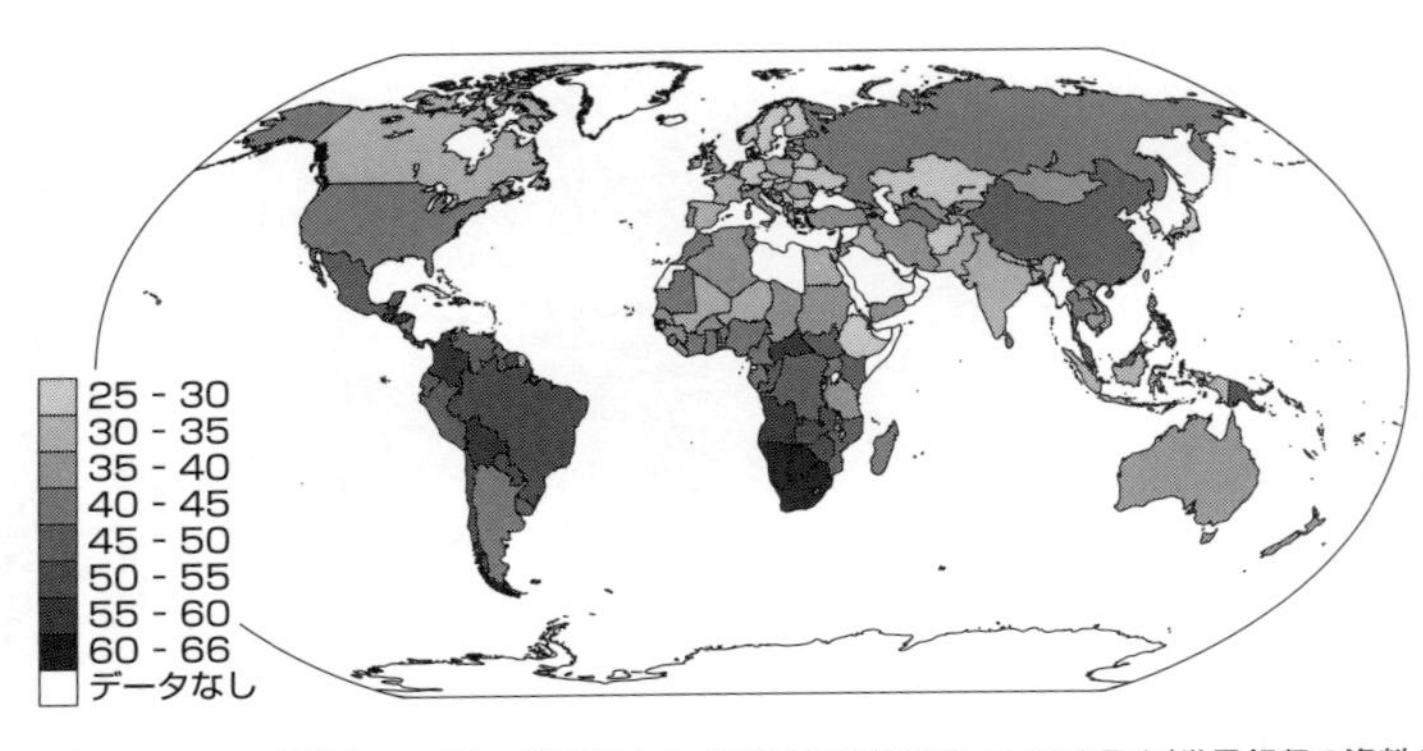

●世界各国のジニ係数（2014年）　数字が大きいほど貧富の差が激しいことを示す（世界銀行の資料から作成）

次は、条件2の独立性について考えよう。独立性については、〝自由〟という概念が生まれたことが大きい。第2章6節でも説明したように、経済主体が独立して判断するからこそ、大数の法則が働き経済が安定するのであった。

なぜ独立して判断できるのかというと、法律がその権利を保障しているからである。法律もなくて本当に野放しだと、力の強い人がすべてを支配下に置いてしまい、人々は自分の好きな仕事に就いたり、自分の好きなモノにお金を使うことができなくなってしまう。『北斗の拳』のような荒廃した弱肉強食の世界になってしまうわけだ。そのような状況では、大数の法則も働かなくなってしまう。だからこそ、独占禁止法のような法律で制限を加えつつ、その制限内にいる限りは権利を保護してあげますよということにするわけである。

また、企業や個人が商売上の取引を行うときも、法律などで手順が細かく決められている。なぜかというと、各々が好き勝手にやってしまうと、その都度契約の細部が違ったり条件がばらばらだったりして、後で訳が分からなくなるからだ。それに、契約の標準的なやり方が決まっていなければ新規参入もしづらいので、業界が発展していく上での障害にもなる。だからこそ、どの業界にも商習慣というものがある。これは、業界の人が皆従う共通ルールであり、実質的に法律と同じような働きをするもののことだ。

福沢諭吉も「自由は不自由の際に生ずというも可なり」（『文明論之概略』巻之五）と書いているが、私たちの自由は法律や商習慣といった〝不自由〟によって支えられているのだ。私たちの生活は法律に基づく無数の契約で成り立っている。働いている会社とは雇用契約を結んでいるし、モノを買うときは売買契約を結んでいる。コンビニでおにぎりを買うのだって、法律上は売買契約を結んでいることになるのだ。

結婚だって、戸籍法に基づく届け出（婚姻届）を必要とする契約の一種だ。現代社会における自由とは、法律の下で自らの意志により契約を結ぶ権利のことだといえる。

イギリスの著名な法学者ヘンリー・メインは、文明の進歩はどこの国にも共通する法則があると言っており、それを「身分から契約へ」という言葉で表している。近代以前の人々は、中世ヨーロッパの領主と農奴、江戸時代の士農工商、古代ギリシャの自由民と奴隷のように、皆が身分に縛られていた。そして、生まれた地域や家柄によって、色々な人生の選択肢が厳しく制限されていた。

封建時代のヨーロッパの農奴は、勝手に引っ越すことは認められていなかった。それを許せば、農奴が勝手にほかの領主の管轄地へ引っ越してしまい、封建性が混乱するからだ。さらに、職業選択の自由も認められていなかった。江戸時代の日本人も同じように、農民が大名になったりはできなかったし、関所を越えて勝手にあちこち動き回ることも許されていなかった（伊勢神宮へのお参りはＯＫだったらしいが）。

それに比べて、近代社会は人々が自由な意思で選択をすることが認められている。この人々が自分の意志で契約を結ぶことによって、社会や経済が成り立っている。

ように、人々が身分に縛られて運命が決まっていた社会から、自分の意志で契約を結んで人生を形作っていける社会へ変わっていったことを「身分から契約へ」と呼んでいるのだ。

日本のような資本主義国では、経済的な取引の自由も法律によって保障されている。そのような経済のことを市場経済と呼ぶ。反対に、ソ連のようにすべて国家が決める経済のことを計画経済と呼ぶ。ソ連の政治家レフ・トロツキーの言葉を借りて言うと「小麦畑の広さからチョッキのボタンまで」すべて国家が決めるということだ。

市場経済と計画経済の最大の違いの1つは、判断主体の数だといえる。計画経済では、重要な判断を行っているのはほんの一握りの権力者だけだ。一方で、市場経済では、無数の企業や家計が独立して判断し、経済活動を行っている。市場経済国でも法律の運用や福祉など国の役割は大きいわけだが、計画経済のようにすべてを管理しているわけではない。

多くの経済主体が独立して経済活動を行うことで大数の法則が働き、経済が安定する。どんなに頭のいい人でも判断を誤ることはあるので、ごく一部の人がすべてを判断する計画経済は、取り返しのつかない過ちを犯してしまうリスクを秘めている。一方で市場経済の場合は、各経済主体の判断の影響範囲が限定されるので、小さなミスは頻繁に起こるものの、国の崩壊に繋がるような取り返しのつかないミスを犯す可能性は相対的に低いといえる。

成果を上げるブレイン・ストーミング

このように、個人や企業の自由を保障する仕組みがあるからこそ、人々の判断や行動の「独立性」が保たれ大数の法則がうまく働くわけだ。法律や商習慣と聞くと堅苦しく感じるかもしれないので、もっと身近な例も挙げておこう。仕組みが整っていないと自由に振る舞えないという事例は、会社の会議でも見ることができる。

会社の会議では、多くの人が参加しているのに、そのうち数人しか話さずに終了するということがよくある。これはなぜだろうか？　そのことについて考えるために、前にテレビでやっていた興味深い番組を紹介したい。

その番組は、イスラエルへの起業家向け研修ツアーについてのものだった。実は、イスラエルは「中東のシリコンバレー」とも呼ばれ、世界中の起業家から注目を集めている。人口800万人程度の小さな国でありながら年間の起業数が約1千件にも上り、その多くがIT関連だからだ。男性には約3年間、女性には約2年間の兵役義務が課されており、軍の先端技術に触れた若者が兵役終了後に相次いで起業するらしい。そんなイスラエルの起業家精神を学ぶため、毎年多くの日本人が現地に研修に訪れている。

番組では研修の一場面が紹介されていたが、そこでは、参加者をA～Dの4つのグループに分け、あるテーマについてそれぞれ以下の方法でアイデア出しを行い、どれだけ多様なアイデアを出せるかを競い合っていた。

A　アイデアを各自紙に書き出すが、その後、特に話し合いはしない。

B　アイデアを各自紙に書き出し、その後、「筆談方式」で意見を交換する。

C　アイデアを各自紙に書き出し、その後、話し合いを行う。

D　話し合いのみ行う。

結果、アイデアが最も多く出たのはCグループ、最も少なかったのはDグループだった。アイデアが一番少なかったDグループとそれ以外の違いは何かというと、アイデアを各自紙に書き出すプロセスがあったかどうかである。最初に自分のアイデアを書き出すように言われた場合、他人の意見に迎合したり、気配を消して黙っていることはできなくなる。皆が自分の頭で一生懸命考え、少しでも多くのアイデアを紙に書き出そうとするだろう。その結果として、多くのアイデアが生まれたと考えられる。

一方、Dグループのように話し合いから始めると、ほかの参加者に遠慮して自分の意見を言えなかったり、他人任せで真剣に考えない人が出てきてしまう。その結果、グループとしてのパフォーマンスも下がってしまったと考えられる。この場合は、最初にアイデアを各自紙に書き出すというプロセスが参加者の「独立性」を担保し、良い結果に繋がったわけだ。

会議の際に参加者の「独立性」を保つ工夫は、ブレイン・ストーミングの技術にも取り入れられている。ブレイン・ストーミングとは、アレックス・F・オズボーンによって考案された会議方式で、集団での話し合いを通じて創造的なアイデアを生み出すための技法だ。ブレイン・ストーミングの過程では、以下の4原則を守ることが必要とされている。

〈ブレイン・ストーミングの4原則〉

1　判断・結論を出さない（結論厳禁）
2　粗野な考えを歓迎する（自由奔放）
3　量を重視する（質より量）
4　アイデアを結合し発展させる（結合改善）

原則1は、例えば「その意見はどうかと思うよ」とか、「予算が足りないから実現は難しそうだね」などという結論・判断を口に出さないようにするということだ。

何かしら判断や結論を言うと、参加者がその発言に影響を受けてしまい、自由なアイデアが出てこなくなる。例えば、「そのアイデアは予算的に難しいね」などと言う人がいれば、皆が予算を気にし始めて、アイデアが出にくくなってしまう。そこで、判断をあえて〝延期〟して、まずはアイデア出しに専念するのだ。

原則2は、奇抜なアイデアや突拍子もない考え方を歓迎するというものだ。「その考えは極端すぎですね。もう少し現実的な案はありませんか」と言う人がいると、常識的なアイデア以外は言いづらくなってしまう。そこで、「大胆なアイデアですね。すばらしいです！」と、歓迎する雰囲気を作るわけだ。

原則3は、よいアイデアをひねり出そうと考え込むのでなく、とにかく思いついたアイデアを次々出していきましょうということだ。今までに出たアイデアと似たものであってもかまわないので、数を重視するということである。「そのアイデアは、前に出たものと同じですね。ほかにはありませんか？」と言うと、今までに出てきたものと重複するかもな……と皆が考えて意見を出しにくくなる。そこで、〝質より量〟を意識して取り組むわけだ。

原則1～3の目的は何かというと、参加者が周囲の影響を受けず自由に発言するための環境づくりである。つまり、これらの条件は、参加者の「独立性」を担保することを目的としていると考えることができる。そして、「独立性」が働くことで出てきた様々なアイデアを、原則4によって発展させるわけである。

ブレイン・ストーミングのミーティングに限らず、チームで何かのプロジェクトに取り組むときは、こういった心がけは有効だと考えられる。特に年長者や役職者は、チームのメンバーが委縮しないように、上記の4原則を気にしてみてはいかがだろうか。長年の経験で何が必要で何が無駄かを分かっている立場の人こそ、判断や結論に近いことを先走って言ってしまい、知らず知らずに自由な議論の空気を壊してしまうことも多い。ぜひあえて発言を我慢し、若手がひねり出すアイデアに耳を傾けてほしい。そういった習慣を心がけると、結果としてチーム全体の発想力や生産性が向上し、ひいては自分自身の評価向上にも繋がるかもしれない。

以上のように、人々が自由に考え振る舞うためには、適切なルールが必要だ。そのようなルールが社会の様々な場面に組み込まれたことで、大数の法則が活用できるようになったのである。

条件3（同一性）について：現代人は、法の下で皆平等である

条件2の「独立性」は法律や商習慣によって自由が保障されていることで担保されるという話をしたが、条件3の「同一性」も、やはり法律によって保障されている。現代社会は法律によって社会を治める法治主義をとっているが、法律というルールのおかげで、〝特別すぎる人〟が出てこないようにすることができるのだ。

例えば生命保険だと、第2章1節で説明したように医学的審査や最高保険金額の制限が「同一性」を担保しているのであった。つまり保険に入りたいと思っても、医学的審査などを経て保険会社側がOKしないと、保険に入ることはできないのだ。医学的審査にしろ最高保険金額の制限にしろ、生命保険会社がこのような条件を出せるのは、契約というものが法律上で「当事者双方の意思表示の合致（合意）」を必要とすると定められているからである。つまり、保険会社は加入者を、加入者は保険会社を選ぶ権利が法律によって保障されているのだ。

また、生命保険に入ろうとするときは、自分の病歴や今飲んでいる薬の種類など、健康状態について保険会社側に告知する義務がある。これは「告知義務」といって、保険法の第37条に定められているものだ。告知は、医学的審査のスタート地点といえる。生命保険会社は、すべての加入希望者から必ず告知を受けて、記録に残す。その後は、保障額の大きさや加入希望者の年齢などを見つつ、追加的な健康状態の確認が必要かどうか考えるわけだ。例えば、診査医（保険会社と契約している医師）による診査をお願いする場合もあるし、保障額が大きくない場合などは告知だけで済ますこともある。いずれにせよ、告知義務が法律で定められているおかげで、加入希望者全員に医学的審査を行うことが可能になるのだ。

このように、法律によって〝特別すぎる人〟が出てこないようにすることで、言い換えれば〝フェアネス〟を確保することで「同一性」を担保しているのである。法律は明文化されていて、誰でも見ることができる。そして、全員が従わなければならないものだ。そういう明確で共通のルールがあるおかげで、どんなに大きな集団についても「同一性」を保つことができるのである。

逆に「同一性」が保たれていないときはどうなるかというと、少数の人々の気まぐれで政治や経済が動き、不安定な世の中になってしまう。独裁国家が安定性の面で民主主義国家に劣るのは、「同一性」が憲法や法律で保障されていないからだと考えることができる。

もっと身近な例として、紅白歌合戦を挙げよう。２０１６年の紅白歌合戦では、視聴者投票でも会場投票も圧倒的に白組が勝っていたのに、なぜか紅組が優勝し、ネットニュースなどで話題になった。その理由は、審査員の多くが紅組に票を入れたためである。紅白の投票権は審査員が11票、視聴者が2票、会場が2票で、合わせて15票を取り合う形になる。２０１６年はどうなっていたかというと、以下のような結果であった。

白　6票（視聴者：2票、会場：2票、審査員：2票）

紅　9票（視聴者：0票、会場：0票、審査員：9票）

つまり、審査員の持つ11票のうち9票が紅組に入ったため、紅組が優勝したというわけだ。白組は、視聴者投票では約170万票、会場投票でも約400票の大差をつけて勝っていた。けれども、数名の審査員によって〝民意〟は覆されたわけだ。この結果にもやもやした人も多いと思うが、「同一性」が担保されていない状態だと、こういうことが起こりうるわけだ。つまり、このケースでは、審査員が〝特別すぎる人〟になっていたため、民主主義がうまく機能しなかったという見方ができるのである。

自分が〝特別すぎる人〟になっている場合は、少しでも民主的な判断ができるように工夫してみてもよいかもしれない。私の勤めている企業の米国本社では、人事評価は主に部門長の仕事（日本企業では人事部が人事権を握っていることが多いが、米国では一般に現場の権限が大きい）だが、部下について評価を行う際、仕事で関わっている同僚や他部署の社員などからコメントを求め、参考にするという仕組みがある。具体的な評価スコアを理由とともに提出してもらうわけだ。提出は強制ではないので、ある人の評価を依頼されても、仕事での関わりが薄く評価が難しい場合などはスルーしてもよい。けれども、実際は多くの人が協力してくれるようだ。上司は、それらのコメントを集計し、本人に「君はこの部門からの評判は良いが、この部門での評判は相対的に低い。なぜだと思うかな？」などとフィードバックを行う。日本でも、360度評価という名前で一部取り入れている企業も多いだろう。

この場合は、ボスが自分だけで評価を決めるのではなく、〝民意〟も参考にしているといえる。もちろん、最終的な評価はボスが下すのだが、このようにして〝民意〟も参考にしてくれた方が、部下としても評価に納得がいきやすいだろう。

条件4（仕組みが整っていること）について：現代人は、テクノロジーの恩恵を受けられる

最後の条件になるが、大数の法則を活用するには、そのための仕組みを整えなければならない。例えば生命保険を成り立たせるためには、土台となる保険理論と、それを実践している保険会社が存在しなければならない。

第2章1節で触れたように、保険理論を世界で初めて確立させたのはジェームズ・

ドドソンである。彼が保険理論の研究を始めたきっかけは、自分自身が保険会社から加入を断られたことだといわれている。彼はアミカブル・ソサエティという保険会社に加入を申請したが、年齢が45歳だということを理由に断られてしまった。当時の保険は合理性・公平性に欠けていて若者に非常に不利な仕組みだったため、不公平感から若者の加入は減り、老年者の加入は増えていく状況にあった。そのような流れに歯止めをかけるために、アミカブル・ソサエティは45歳以上は加入不可という年齢制限を設けたのだった。ドドソンは、ちょうどその年齢制限に引っかかってしまったわけだ。45歳という足切り年齢に、特に合理的な意味はない。当時は保険理論なんて存在しなかったので、適当に決めただけである。

ドドソンはこの仕打ちに憤慨し、より公平で合理的な保険の仕組みを作ろうと決心したわけだ。そして、保険の本質である相互扶助を合理的に達成するために、大数の法則を活用した保険の仕組みを考え出したのだ。その後、ドドソンの理論に基づいて後世の人たちが科学的な保険会社エクイタブル・ソサエティを設立し、科学的な保険を世に広めていった。

このように、保険の制度は先人の努力と試行錯誤の末に生み出されてきたものだ。同じことが、銀行預金についても、経済についても、多数決についてもいえる。どれも、人類誕生の瞬間から存在したわけではない。先人たちが多くの時間と多大な労力を払って仕組みを作ってくれたおかげで、現代の私たちが大数の法則の恩恵を受けられるのである。

テクノロジーの発達にも同じことがいえる。序章で出てきたように、日本生命は2千万件以上の死亡保険契約を抱えている。これだけ大量の契約を管理できているのは、コンピューターのおかげだ。

もちろん、コンピューターが発明される前から保険会社はあった。例えばエクイタブル・ソサエティの創業は、世界初のコンピューターENIAC（エニアック）が誕生する180年以上前だ。コンピューターが無い時代は、情報をタイプライターで紙に打ち込んで管理していたわけだが、タイプライターだって、石板にノミで文字を刻み込むのと比べればよほど効率的に情報を記録することができる。

大数の法則を働かせるためには、膨大な情報を管理する必要がある。生命保険の場合は何百万といる被保険者の健康データや年齢、住所、氏名など。銀行の場合は、何十万何百万という預金者の口座情報などだ。そのような膨大な情報を管理する技術も、多くの科学者や技術者たちが試行錯誤を繰り返し発展させてきたものである。

アイザック・ニュートンが1676年に科学者仲間のロバート・フックに宛てた手紙の中に、

「私が彼方を見渡せたのだとしたら、それは巨人の肩の上に乗っていたからです」

という一節がある。自分が研究成果を上げることができたのは、偉大な先人たちの肩の上に乗っていたからだという意味だ。彼は微分積分、万有引力説、ニュートン力学などを生み出した史上最高の科学者の1人として知られているが、自分がそれらの成果を生み出せたのは、先人たちの膨大な研究の蓄積があったからだと考えていたわけだ。私たちもまさに、先人が膨大な試行錯誤の中で生み出してきた様々な仕組みがあるからこそ、大数の法則の恩恵に与(あず)かれていると言えるだろう。

3 みんなちがって、みんないい

「多様性」がカギ

以上のように、現代は昔に比べると豊かで、自由で、平等で、そして技術が進んでいるからこそ、大数の法則が活用できているのだ。そして、その中でも特に重要なのは、自由が認められていることだ。第2章4節の陪審定理のところでも触れたが、いくら人を集めても、集められた人に自分の意見を表明する自由が認められていなければ大数の法則は働かない。

人は皆それぞれ違うのだから、違う意見を持っていて当然だ。そして、違いを隠そうとせず、勇気を出して表に出したときに、大数の法則が働き始めるのである。

ミシガン大学教授であり社会学者のスコット・ペイジは、人々の集団が良い結果を出すためには、多様性が重要な役割を果たすと主張している。彼は多様性が社会に与える影響について長年研究しているが、研究を始めるきっかけになったのは、半分遊びで行ったコンピューター・シミュレーションだった。

コンピューター・シミュレーションの中には、それぞれ異なる戦略で問題解決に挑む多数のプログラムが用意されている。そして、それらのプログラムに問題を与えて、プログラム同士で協力して解かせるようにする。これは、多様な人々が共通の課題に取り組む状況をコンピューター上でモデル化したものといえるだろう。

プログラムはそれぞれ違った戦略を持つ、いわば個人差があるので、問題を効率的に解決する優秀なプログラムもあれば、そうでないものもある。そこでペイジは、プログラムを2つのグループに分けてみた。第1のグループは、成績等の基準を特に設けずランダムにメンバーを選んだ。そして第2のグループは、単独での成績が最も高いプログラムだけを選んだ。以上の設定で様々な問題を解かせてみたところ、驚いたことに、ほぼ決まって第1のグループが良い出来を示した。第2のグループは、メンバーが粒揃いにもかかわらず負けてしまったのだ。

ペイジはこの結果を見て、多様性が問題解決に寄与していると考えた。高い成績を出すプログラムは、用いる戦略も似通ってしまっている。そのため、成績の良いプログラムだけを選抜した第2のグループは、多様性が失われてしまっていると考えられる。一方、第1のグループは、成績等に関係なくランダムに選んだだけなので、多様性は失われていない。この違いが、結果に影響を及ぼしたと考えたのだ。

彼は研究の結果、多様性は集団の問題解決能力を高める上で重要だという結論に達した。そして、第2章4節で出てきた雄牛の重量当てコンテストのように、人々の集団が何らかの予測を行う場合に成り立つ関係として、「多様性予測定理」というものを提唱している。その定理は、次のような式で表される。

集団としての予測の誤差 ＝ 個人の平均的な誤差 － 多様性の大きさ

「集団としての予測の誤差」とは、集団としての予測と実際の結果のズレのことだ。雄牛の重量当てコンテストの例では、このズレは1ポンドだった。

「個人の平均的な誤差」とは、個々人の予想が、平均的に見てどれくらい真の値からズレているかを指す。雄牛の重量当てコンテストの例でいえば、投票用紙の数字と実際の重量（1198ポンド）の差をとって、800人分の平均をとったものだ。[※4]

〝誤差〟なので、値が小さいほど参加者の予測が正確、つまり平均的な能力が高いということを意味する。

そして「多様性の大きさ」とは、予測を行う集団がどれだけ多様かということだ。ここでいう多様とは、人種や性別などの見た目の違いを指しているわけではない。ある問題に対する捉え方や問題解決に用いる手段が人によって様々であり、その結果として予想値が分散する。その分散の大きさを多様性と解釈する。具体的な計算としては、個々人の予想値が、予想の平均値からどれくらい離れているかに基づいて計算する。雄牛の重量当てコンテストの例で言えば、個々の投票用紙の数字が、800人の予想の平均値である1197ポンドからどれだけズレているかを見るわけだ。

この式が示していることを考えてみよう。ズレは小さいほうがいいので、「集団としての予測の誤差」は小さいほどよい。そのためには、「個人の平均的な誤差」が小さくなるか、「多様性の大きさ」が大きくなればよい（「多様性の大きさ」は引き算されているため）。つまり、「ひとりひとりが優秀であるほど、また多様な人々が集ま

※4　実際にはプラスのズレもマイナスのズレもあるため、単純にズレを合算するとゼロになってしまいます。そのため、多様性予測定理では、ズレを2乗して（2乗すれば必ずプラスになる）足し合わせたあとに参加者の人数で割ることでズレの平均的な大きさを測っています。このようにして計算されたズレの大きさを、統計学の用語で平均平方誤差といいます。

っているほど正確な予想ができる」ということをこの式はいっているわけだ。

ここで最も重要なのは、「個人の平均的な誤差」と「多様性の大きさ」が、同じ重みで影響を及ぼすという点だ。予測誤差を小さくするには、「個人の平均的な誤差」を小さくしてもいいし、「多様性の大きさ」を大きくしてもよい。言い換えれば、多様性は個々人の能力と同じくらい重要だということになる。

もちろん、ひとりひとりが優秀であれば、それだけチームの問題解決能力が高まるのは確かだ。けれども、優秀な人たちは往々にして似たような経歴を持っていることも多い。例えば、財務省のある部門のメンバーは東大法学部の出身者ばかりといった具合に。似たような学歴や職歴を持つ人たちは、経験してきたことも似ているので、問題の捉え方や解決へのアプローチも似ていることが多い。そのような組織の場合、新しい発想が生まれずに袋小路に陥ってしまう可能性も高いといえる。

逆に、様々な経験を持つ人々がいる組織では、様々な異なる観点からの発想が問題解決の助けになってくれる。スコット・ペイジの著書『「多様な意見」はなぜ正しいのか』（日経BP社）では、ブレッチリー・パークの話が紹介されている。第二次世界大戦中、ナチスドイツの暗号機「エニグマ」に悩まされていたイギリスは、イングランド南東部のブレッチリー・パークという大邸宅に1万2000人を集め、エニグマを解読させるプロジェクトを発足した。ヨーロッパやアメリカの各地から集められた解読チームのメンバーには、言語学者をはじめ、数学者や古典学者、チェスの名人やクロスワードパズルの達人など様々なバックグラウンドの人々がいて、協力して暗号解読に取り組んだ。

1940年の春、ブレッチリー・パークのメンバーはついにエニグマを解読し、連合軍を勝利へ導いた。多様な観点を持つ人々の集団が、史上最大級の難問を解決したのだ。彼らは、その多くが暗号解読の訓練を受けていた。つまり個人で見ても優秀な人たちだったわけだが、同時に多様でもあったのだ。

第2章4節で、大数の法則を通じて集合知が働くには人々の判断が独立していなければならないという話をした。判断の独立性を保つために必要なことは何かを考えてみると、一番最初に思いつくのが、本人の心構えだろう。つまり、ひとりひとりが「他人の意見に流されないぞ」という心構えを持ち、自分の意見をきちんと伝えるということだ。しかし、それだけでは十分とはいえない。同じような経歴の持ち主が集まっている場合は、どんなに気を付けていても同じような発想をしてしまいがちなので、結果として判断の独立性が損なわれてしまうことがありうるからだ。

一方で、多様なバックグラウンドの人が自由に意見を表明できる環境であれば、それぞれが問題を異なる視点から捉えたり、異なる方法で予測したりするので、判断が一方向へ偏るということが起こりにくい。多様性が判断の独立性を生むわけだ。

つまり、人間に大数の法則を当てはめて考える上では、「独立性」と「多様性」は表裏一体だといえる。


異なるバックグラウンドが生み出す、豊かな集合知

違う属性を持つ人は、同じ課題に対しても違うアプローチをする可能性が相対的に高いといえる。例えば、男女についてもそれが言える。『脳科学マーケティング100の心理技術』（ロジャー・ドゥーリー 著、ダイレクト出版）という本の中に、面白い実験が紹介されている。

アメリカの進化心理学者ジェフリー・ミラーは、男女の脳の違いを調査する研究の一環として、次のような心理学実験を行った。まずは被験者を2つのグループに分け、第1のグループには理想的なデートプランを書くという作業をさせ、第2のグループには天気について書くという作業をさせる。これは、プライミング（準備）と呼ばれる過程だ。第1のグループは、デートプランを書くことでロマンチックな気分になり、異性を意識しやすいように脳が準備（プライミング）された状態になる。一方の第2グループは、単に天気について書かされただけなので、ロマンチックなプライミングはされていないことになる。

その後、各グループに架空の予算（5000ドル）と時間（60時間）を与えて、使い方を尋ねると、第1グループの男性は豪快に金を使い、女性はボランティアに非常に多くの時間を費やす傾向が見られた。一方、第2のグループには、そのような傾向は見られなかった。

ミラーはこの結果を見て、プライミングの効果によって異性にいいところを見せようとするが、男女で戦略が異なるのだと結論付けた。「異性にいいところを見せたい」という同じ課題に対して、男性は経済力の誇示、女性はいい人アピールという、異なる解決手段を用いたわけだ。

別の例を出すと、西洋人と東洋人も、思考様式に大きな違いがあるらしい。西洋人は物事を何らかの規則でカテゴリー分けして考える傾向があり、東洋人は物事を全体的な関係性の中で捉える傾向がある。『木を見る西洋人　森を見る東洋人』（リチャード・E・ニスベット 著、ダイヤモンド社）から例を挙げよう。

牛、鶏、草が描かれた絵をアメリカ人の子供と中国人の子供に見せて、「この3つのうち、どれか2つが仲間です。どれでしょうか？」という質問をした。すると、アメリカ人の子供は牛と鶏が仲間だと答える傾向が強く、中国人の子供は牛と草を仲間だと答える傾向が強かった。アメリカ人の子供は、牛と鶏は同じ「動物」というカテゴリーに属するからという理由で仲間だと考え、中国人の子供は、牛は草を食べるからという、両者の関係性に着目して分類したわけだ。このように、西洋人と東洋人は、物事の認識の仕方に大きな違いがある。

このような違いのために、西洋人と東洋人がビジネスで関わる場合、相手との意思疎通がうまくいっているかどうかに配慮しなければならない。具体例として、著者自身の体験を挙げよう。著者がニューヨークに駐在していた時代の話だが、若手の仕事の1つとして、アメリカ人が作ったスライドを日本人に分かりやすいように作り替える作業（あるいはその逆）を何度か担当したことがある。

アメリカ人の作ったスライドは、最初に結論や主張が書かれていて、その後に理由が書かれている。結論→理由、結果→原因のように、論理を逆向きに辿る思考様式に基づいて作られているわけだ。一方、日本人の作ったスライドは、今までの議論の経緯や結論に至るまでの流れが順番に書かれていて、最後に結論が出てくることが多い。

日本人は、物事を今までの経緯や相互の関連性といった全体の文脈の中で理解する傾向が強い。だから、いきなり結論だけを切り出して最初に見せられてもピンとこない。逆にアメリカ人は、まず結論や主張を提示して意見をぶつけ合う文化なので、結論や主張が最初に出てこない日本人のスライドをもとに説明を聞いていると、論点がどこにあるかが分からずに戸惑ってしまう。そのため、単に英語を日本語に、日本語を英語に訳しただけでは、うまく伝わらないのだ。結局、スライドの構成を大幅に変えなければならないことも多かった。

また、先ほどの本の著者は、西洋人はしばしば論理にこだわりすぎるのに対して、東洋人は論理にそこまで執着せず、自分の中に矛盾した点があっても気にしない傾向があるということも指摘している。

通常、矛盾があるのはよくないことと思われがちだが、矛盾を許容する東洋人の感性が、東アジアの経済発展を支えてきたと考えることもできるのではないだろうか。

日本、中国、韓国といった東アジアの国々は、その昔は西洋諸国から大きな後れを取っていたが、日本や韓国では市場経済への移行が比較的スムーズに進んだことから、今では世界で最も豊かな国の仲間入りをしている。中国も、表向きは社会主義国だが、実際は市場経済を取り入れて経済発展を遂げている。中国共産党は、自分たちの経済体制のことを「社会主義市場経済」と呼んでいる。理論的に考えれば、社会主義と市場経済はまったく相容れないものだが、中国はその矛盾を受け入れることで発展してきたし、そのことを自覚しているのだ。日本や韓国が驚くべき勢いで先進化を果たしたのも、東洋文化と西洋文化という異なるものを共存させ、そのことで発生する矛盾や衝突を受け入れてきたからこそなのかもしれない。

一方で、西洋に目を向けてみよう。ソ連を例に挙げると、国家崩壊はレーニンが計画経済にこだわりすぎたことが要因の1つともいわれている。前述のトロッキーによる「小麦畑の広さからチョッキのボタンまで」という言葉は、徹底した計画経済化を目指すレーニンの方針を批判する文脈で使われたものだ。トロッキーは、チョッキのボタンのように国家戦略として重要度が低いものは、市場経済にゆだねてよいと考えていた。実際、経済的価値を有するすべてのモノやサービスの需給を机上で計算するのは至難の業で、現代のコンピューターを用いたとしても到底不可能だろう。もちろん、ソ連崩壊にはほかにも様々な要因があるだろうが、少なくとも、レーニンが計画経済という〝論理〟にこだわりすぎて、ソ連政府や国民に大きな混乱を招いたのは確かなようだ。

このように、バックグラウンドが異なる人々は、物事を異なる視点で捉え、異なる戦略を用いる傾向が強いといえる。昔の人々は、自分と同じ身分・職業・人種・思想の人とだけ交流していた。武士は武士、商人は商人、白人は白人、キリスト教徒はキリスト教徒というふうに。けれども現代は、様々なバックグラウンドの人が1つのチームになって物事に取り組む時代である。多様性は時に衝突も生むが、問題解決の力にもなりうるのだ。

スコット・ペイジは、人が問題を解決するために駆使するあらゆる知的手段（問題の捉え方、解決のためのアプローチ、結果を予測する方法など）を「ツールボックス」と呼んでいる。誰もが、自分のツールボックスを持っている。そして、家具を組み立てるときに色々な工具があった方がやりやすいように、ツールボックスに様々な道具が入っている方が問題解決の可能性は高まる。けれども、1人の人間がツールボックスに詰め込める道具の数には限界がある。だからこそ、皆で協力して問題に取り組む必要があるのだ。

異なるバックグラウンドの人は、異なるツールボックスを持っている可能性が高いといえる。たとえ多くの人がいても、全員がプラスドライバーしか持っていなければ、限られた種類の家具しか組み立てることができない。けれども、六角レンチやスパナを持っている人がいれば、チーム全体で組み立てられる家具の範囲は広がるわけだ。

つまり、集合知は、大数の法則だけでなく「ツールボックスの多様性」を通しても力を発揮するということだ。従って、人数が多くなくても、集合知の恩恵は得られるのである。

私には、同じ部門で仕事をしている近い年齢の同僚がいるが、彼と私の得意分野は重複が少なくて、一緒に仕事をするとシナジー効果を発揮しやすい。私はプログラミングや統計分析、証券投資理論に基づいた提案などを得意分野としているが、彼は景気の分析や投資家動向の把握、マーケットを動かす様々なニュースや情報の分析などを得意としている。お互いに違うツールボックスを持っているので、チームとして動いたときに、様々な課題に対処できる。たった2人の集団でも集合知が働く例といえるだろう。

さらにいえば、多様なツールボックスを自分の内に秘めている人は、たった1人でも多様性の効果を発揮することができる。アップル創業者のスティーブ・ジョブズが、2005年のスタンフォード大学卒業式のスピーチで語った有名なエピソードがある。ジョブズが学生時代に通っていた大学では、たまたまカリグラフィが盛んだった。カリグラフィとは、文字を美しく見せるための技法のことで、日本でいえば書道のようなものだ。学内に溢れる美しい文字に興味を抱いたジョブズはカリグラフィのコースを履修し始め、その技法を夢中になって勉強した。

当時のジョブズは、カリグラフィの知識が何かの役に立つとは思っていなかったが、10年後にマッキントッシュを開発する際に大きな役割を果たした。当時、コンピューターは1つの書体しか持っていないのが常識だったが、ジョブズはマッキントッシュに様々な美しい書体を導入したのだ。彼はスピーチの中で、次のように述べている。

「もし私が大学でカリグラフィの授業を受けていなかったら、現代のパソコンは今のような美しいフォントを備えることはなかったかもしれません。当時の私は、カリグラフィを学んだという体験が、まるで点と点が結ばれて線になるように将来に繋がるとは思ってもみませんでした。けれども、10年後に振り返ってみると、明らかにそれは1本の線で繋がっていたのです」

このように、色々な経験をして多様なツールボックスを身に付けておけば、自分自身の問題解決能力が高まるということだ。「芸は身を助く」というやつである。

また逆に、たとえ優秀な人たちが集まっていたとしても、お互いに自由に意見を言い合える関係でなければ集合知が働かないということもありうる。アジア系の航空会社の飛行機事故でしばしば指摘されるのが、機長と副機長の間の儒教的な上下関係が事故の一因ではないかという点だ。副機長が何か問題に気付いていても、機長に遠慮して指摘することができない。その結果、問題が取り返しのつかないレベルまで発展してしまうということだ。

集合知は、大数の法則が働くほど多くの人が関わる集団にも宿るが、2人や3人のチームでも集合知を生み出すことができる。選挙のように大勢の人が関わるケースでは、第2章4節の陪審定理で出てきたように、個々人の能力がそこまで高くなくても大数の法則がカバーしてくれる。だからこそ、国民の多くは政治の専門家ではないにもかかわらず民主主義が機能するわけだ。一方、会社の部署など、少ない人数の集団においては、個々人の能力やツールボックスの多様性が集合知のキーになるわけだ。

金子みすゞの「わたしと小鳥と鈴と」という詩に、「みんなちがって、みんないい」というフレーズがある。これはまさに、集合知の本質を最も端的に表した言葉といえるだろう。互いの違いを受け入れて一緒に課題に取り組むことで、組織として大きな力が発揮できるのだ。

あなたの会社や組織にはどんなツールボックスがあるか？

私たちは、個人の能力に基づいて人を評価するのに慣れている。例えば学生の能力は、テストの総得点で評価される。大学や大学院の入試では、全科目の総合得点が高い人が合格するわけだ。けれども、このような評価のやり方を多様性予測定理に照らし合わせてみると、「能力」の項しか考慮せず「多様性」の項を無視していることになる。多様性を考慮するならば、もっと違った評価の仕方もあるのではな

受験者	総合得点	経済理論	統計学	現代経済	経済史	英語
Aさん	708	183	105	151	161	108
Bさん	697	175	109	148	155	110
Cさん	674	101	200	83	97	193

●△△大学大学院経済学研究科の入試成績　1000点満点(200点満点×5科目)

いだろうか。例えば、ある大学院の入学試験を3名が受験して、そのうち2名を合格させるとしよう。点数は上の表のようになっている。

この場合、総合得点に基づけば、合格するのはAさんとBさんだ。けれども、各科目の点数を見てみると、AさんとBさんはどの科目も似たような点数であり、得意分野と不得意分野が似通っていることが分かる。一方、Cさんは、総合得点では1番低いものの、Aさんが苦手とする統計学や英語で非常に高い点数を取っている。ということは、BさんのツールボックスはAさんと重複が多く、逆にCさんのツールボックスはAさんと重複が少ないと推測される。このテスト結果だけから判断するならば、AさんとCさんがチームになって研究を行えば、ツールボックスの多様性が高い分、高い問題解決能力が期待できる。そうした観点から考えれば、Bさんには申し訳ないが、AさんとCさんを合格させるという判断もありうるわけだ。

同じような考え方が、企業における採用試験や、管理職の選考にも当てはまるのではないだろうか。例えば、管理職の昇進試験において広く用いられているNMAT（エヌマット）と呼ばれるテストを考えてみよう。これは、リクルートマネジメントソリユーソンズ社が提供するテストで、管理職としての適性を測定するために用いられる。主任や係長から課長や部長に昇進する際などに、受験を義務付けている企業も多いそうだ。

このテストは、言語能力検査（国語）、非言語能力検査（数学・論理）、性格検査（性格に関する質問）、指向検査（職務や働き方の好みに関する質問）という4つのブロックから構成されていて、各ブロックの点数によって基礎能力や職務適性が数値化される仕組みである。例えば性格検査では、結果に応じて受験者を「組織管理タイプ」、「企画開発タイプ」、「実務推進タイプ」、「創造革新タイプ」の4つの「役職タイプ」に分類する。

いわゆる典型的な〝管理職〟のイメージに該当するのが、「組織管理タイプ」である。このタイプの人の性格は、「明るく外交的で、組織の中で指導的な役割を果たそうとする意欲があり、強靭な意思で組織を引っ張っていく力がある。また、事前の根回しがうまく、経営陣の意向をくみ取り、周囲の合意を得ながら方向性を定めていくことに長けている」というものだ。けれども、ＮＭＡＴにはほかの役職タイプも用意されていることに注意して欲しい。

「企画開発タイプ」は、自分の専門性を活かして制度・戦略の企画立案や商品開発・研究などを行うのに適している人が当てはまる。「実務推進タイプ」は、現場の仕事を極めていくのに向いている人が該当する。そして、新規事業を立ち上げたり、企業内ベンチャーを主導するのに適しているのが「創造革新タイプ」だ。

このように、ＮＭＡＴは、従来の典型的な〝管理職向き〟の人材だけでなく、様々なタイプの人が昇進のチャンスを得るべきだという理念のもとに設計されている。実際の社会でも、そのようにして多様な人材が企業の中枢に進んでいけるようになれば、企業の問題解決能力も向上するのではないだろうか。

そのような文脈で考えると、女性の管理職が増えることも、企業価値の向上にプラスの効果を及ぼすことが期待できる。たまに聞く男性側の不満として、女性の管理職を増やそうとするあまり、同じくらい能力のある男性がポストを奪われて昇進できないというものがある。けれども、異なるバックグラウンドを持つ人は異なるツールボックスを持っている可能性が高いということを考えれば、女性の管理職を増やすことでツールボックスの多様性が増し、企業価値の向上が期待できるという見方ができる。

もちろん、ペイジの研究が導き出した結論は「多様性は個人の能力と同程度に重要」というものであることを忘れてはならない。従って、女性が活躍している会社であることを世間にアピールするためだけに、有能でない女性を昇進させるのは本末転倒だ。けれども、能力が同程度の場合は、多様性の面で勝る女性の方を昇進させるという判断はある程度合理性を持つと考えられる。

日本のある大手金融機関では、不思議なことに、人事部が独断で行う人事評価と、上司が部下に対して行うフィードバック用の人事評価の2つが併存し、ダブルスタンダード状態になっている。上期と下期の年2回、まずは社員自身が仕事のパフォーマンスを5段階で自己評価し、評価シートに入力する。直属の上司はそのシートに基づいて社員にフィードバックを行い、コメントと評価を書いて人事部に提出する。けれども、実際の昇進や給与水準を決めているのは、それとは別に人事部が付与している評価ランクである。社員は、自分の評価ランクについて知ることはできるが、なぜそのランクなのかは教えてもらえず、上司に聞いても明確な答えは返ってこない。人事部がブラックボックスで決めているものなので、上司自身も詳細を知らないのだ。

人事部としては、自分たちが持っている権限を維持したいためにこのような仕組みを作ったのかもしれない。このようにダブルスタンダードにしておけば、一見して人事部の独断とは分かりにくくなるので、批判も起こりにくいだろう。また、仮に批判すれば人事部に評価を下げられるかもしれないという警戒感が働くので、公に批判する社員も出てこない。

けれども、人事部が好む人材だけを昇進させていたら、結局は似たような人材だけが企業の中枢を占めるようになり、多様性が失われてしまうのではないだろうか。

そしてその結果、長期的に見れば企業価値に悪影響を及ぼすことになりはしないだろうか。もっと現場に人事権を譲り、多様な評価を許容することが、企業にとっても良いことなのではないかと思う。

企業は、社員全員の経歴や評価、保有資格等についての人事情報を蓄積している。これらのデータをうまく活用すれば、それぞれの社員のツールボックスをうまく組み合わせ、能力と多様性の両面に優れたチームを作れるのではないだろうか。能力一辺倒ではなく、能力と多様性の2次元で考えることで、より効率的な組織作りが可能になるのではないかと思う。

また、部下の教育や自分自身のキャリア形成という面でも、多様性を意識することは重要だ。先ほどの『木を見る……』の著者であるミシガン大学教授のニスベット氏も指摘していることだが、日本人は得意分野をとことん伸ばすというよりも、劣っている部分を穴埋めすることに力を注ぎがちなので、結果として器用貧乏になりやすい。日本の会社では、何かに抜きん出ていても、それで人より高い給料がもらえたり昇進に有利になったりということが少ない。一方で、何か欠点があると昇進や周囲の評価に明らかなマイナスとなる。個性を伸ばすことに時間や労力をかけるインセンティブに乏しいので、結果としてツールボックスが似通ってしまいがちである。

けれども、ほかの人と異なるツールボックスを持っていれば自分の希少価値が高まり、長期的に見ればキャリア形成に有利に働くことは確かだ。例えば、同僚に英語ができる人が少ないからといって、自分もできなくてよいというわけではない。多様性の観点から考えれば、むしろ逆だといえる。つまり、同僚に英語ができる人が少ないということは、自分が英語を学ぶことで社内での価値を向上させることができるわけだ。

あなたに部下がいるならば、周囲の人が持っていない資格を部下に取らせる、専門職ＭＢＡに行かせる、海外留学させる、他社へＯＪＴ研修へ行かせる、得意な仕事を極めさせるなどして、存在の希少価値を高める工夫をしてあげるとよいだろう。もちろん、自分自身の希少価値を高めることも重要だ。「うちの会社の場合、そこまでする必要はないよ」と思われる方もいらっしゃるかもしれないが、手持ちのツールボックスで対処できる仕事だけを扱っていたのでは、企業自体が世の中から取り残されてしまいかねない。それに、今は転職が当たり前の時代だ。これから長い社会人人生を送る若手にとっては、上司の後押しで獲得したツールボックスが、キャリア形成を助ける一生の宝になるかもしれない。〝今勤めている会社で今やっている仕事〟に必須なこと以外も学んでおけば、将来の選択肢が広がるわけだ。

バックグラウンドの違う人たちと何かに取り組むのは、そう簡単なことではないだろう。なぜかというと、違うバックグラウンドを持つ人は違う価値観を持っていることも多いので、価値観の違いによる対立が生じることも多いからだ。スコット・ペイジも指摘していることだが、多様性が集合知に貢献するためには、集団のメンバーが同じ目標を共有していなければならない。皆の目指す方向がばらばらだと、集団の英知はうまく機能しないのだ。バックグラウンドは違えども、団結していなければならないのである。

現代社会は、昔に比べれば多様性を活用できているものの、まだまだ道半ばの状況だといえるだろう。価値観の衝突による混乱を避けつつツールボックスの多様性を活かすというのは、なかなかチャレンジングな課題だ。けれども、そこに組織や世の中を良くしていくヒントが隠されているともいえる。人々が〝違い〟にもっと寛容になれば、もっと大数の法則が活きる社会になっていくことだろう。

第４章
大数力アップでワンランク上の自分を目指そう

1 小さなことを積み上げて人生をよくしていく

第3章までで、大数の法則と現代社会の繋がりについて詳しく説明してきた。第4章では、大数の法則を自分自身の生活に活かしていくことを考えよう。といっても、大数の法則を活用することで明日から大金持ちになったり、モテない人がいきなりモテまくるようになったりするわけではない。むしろ大数の法則が教えてくれるのは、「小さなことをこつこつ積み重ねる人が成功する」ということだ。

大数の法則によれば、実際の結果が理論に近づいていくまでには何度もチャレンジする必要があるので、相応の時間がかかるのであった。つまり、ワンランク上の自分を目指そうとして何かを始めても、それが期待通り（理論通り）の成果を生むまでには時間がかかるので、気長に待たなければならない。また、〝大数〟というだけあって、頭で考えるよりも、とにかく実践することが大切だ。大数の法則は、経験数を積み上げる中で、即ち、たくさん実践していく中で働いてくるものだからである。

どういうことかを説明するために、『マンガで分かる診療内科』（ゆうきゆう原作、ソウ作画、少年画報社）で紹介されている話を例に出そう。この本は、心療内科の先生が書いたものだが、心の病気に関する話以外にも色々と小ネタが紹介されていて面白いのでお勧めである。今回紹介する話は、叶えたい目標や夢があるときに、それを実現する最短経路は何かというテーマの回で出てきたものだ。

あるところに、1日30人の新しい客が来るレストランがあった。なぜそんなにうまくいくのかを不思議に思った人が、どうやって30人もの新しいお客さんを集めているのですか？　と店長に尋ねたところ、店長はこう答えた。

「私は、1日に30人の客を集める1つの方法は知りません。しかし、1日に1人の客を集める方法を30個実行しているのです」

そのひとつひとつの方法とは、割引券だったり、ホームページをこまめに更新することだったり、笑顔で接客することだったりと、誰でも思いつくような内容のものだ。けれども、それを毎日こつこつとまじめに実践することで新規顧客を獲得し、目覚ましい成長を成し遂げているということだ。

なぜこれでうまくいくのかは、大数の法則を考えればよく分かる。ひとつひとつの方法は、少なくとも理論的にはお客さんを増やす効果があるものだ。けれども、実際の来客数は様々な要因で変化するので、1日だけ、あるいは1つの方法だけを見た場合は、期待通り（理論通り）の結果になるかどうかは分からない。つまり、お客さんの人数は、サイコロの目のように確率的に変動する。この例でいえば、ひとつひとつの方法を実践することで増えるお客さんの人数は、〝1人〟を平均値として確率的に変動する。例えば割引券を配ることで増えるお客さんの数は、ある日は2人、別の日は0人、また別の日は1人、という具合になる。けれども、ひとつひとつの方法を毎日きちんと実践していれば、大数の法則によっていずれは理論通り（期待通り）の結果に収束してくる。この場合は、1つの方法につき平均1人の新規客が来ることになる。それが30個集まることで、安定的に30人の新規客が来るようになるのだ。

「考えるよりも実践」というのが、大数の法則的な考え方なのだ。このような考え方は、生活の色々な場面で役に立つのではないだろうか。『マンガで分かる診療内科』には、婚活の例も紹介されている。

婚活というと、ひと昔前はお見合いが定番だったが、今では様々な選択肢がある。結婚相談所、お見合いパーティー、婚活サイト、街コン、合コンなどだ。しかし、これだけたくさんの選択肢があると、どれを実践すべきか迷ってしまう。結婚の可能性を最も高くするには、どの選択肢を選べばよいのだろうか?

実は、その答えは「全部」だ。どれがうまくいくかなんて、事前には分からない。なので、思いつくものを全部実行に移す。うまくいかないものもあるだろうが、それはそれで学ぶものがある。これは自分には向いていないとか、こういう方法だと失敗するとかが分かるのだ。このように、思いついたアイデアをすべて実行に移すことを「ショットガン・アクション」という。電球の作り方を2万通りも試した発明王エジソンのように、とにかくやってみることが成功への近道ということだ。

コイン投げを例にとると、考えるだけで全く実践しなかったり、1つや2つの方法しか試さなかったりするのは、コインを数回しか投げないことと似ている。表を出したいときに、コインを数回投げてたまたま裏ばかり出たからといって、「どうせ裏しか出ないんだ」といって諦めるのは気が早すぎる。それは、第1章5節で説明した小数の法則に囚われてしまっているのだ。コイン投げを何度もやること、つまり、思いついたものをすべて実践してみることで大数の法則が働いてくるのである。

20世紀における最も重要な化学者の1人といわれ、ノーベル賞を2度も受賞したライナス・カール・ポーリングは、「いいアイデアを得る最良の方法はたくさんのアイデアを持つことだ」と言っている。思いついたことを次々と実行に移すことで、彼は偉大な化学者としての名声と2つのノーベル賞を手にした。「ショットガン・アクション」を実践した人物といえるだろう。

また、ニュートリノの観測でノーベル賞を受賞した小柴昌俊・東京大学名誉教授も、「ショットガン・アクション」の実践者だったと言える。私の大学院時代の担当教官は、かつて小柴さんの研究室に所属していた方だった。その担当教官によると、小柴さんは、思いついた実験のアイデアを次々に実践する人だったそうだ。担当教官は若いころ、小柴さんが何かアイデアを思いつくたびに部屋に呼び出され、そのアイデアを実行に移すよう指示を受けたという。実際の研究成果に繋がったものはごく一部だったそうだが、ショットガン的に様々なアイデアを実践したからこそ、ノーベル賞級の成果が生まれたのだろう。

人間関係においても、「こつこつ実践」は重要だ。ＡＮＡの客室乗務員を12年間務めたマナー講師の松澤萬紀氏が書いた『１００％好かれる１％の習慣』（ダイヤモンド社）という本には、彼女が延べ５００万人の乗客と接する中で学んできた、仕事や私生活で人間関係を豊かにしていくための秘訣が紹介されている。その秘訣をひと言でいうと、日々の習慣を１％だけ変えるというものだ。彼女によると、「毎日の行動を１％変えれば、あなたの人生が変わる」のだそうだ。

では、どのように行動を変えるのか。ひとつひとつはささいなことだ。例えば、きちんと挨拶をする、１分でも遅刻しそうなら事前に連絡を入れる、もらった名刺を丁寧に扱う、任された仕事をできるだけ早くやる、そういったことである。けれども、そのような〝＋１％〟を積み重ねていくうちに周囲の評価や人脈に着実に良い変化が表れ、人生が変わってゆく。これもまさに、大数の法則的に人生を良くしていく発想といえるだろう。

人生は、こういった日々の心がけ次第で大きく変わりうる。ノーベル経済学賞を受賞したジェームズ・ヘックマン教授は、人生の成功はＩＱよりも性格が強く関係しており、ＩＱは１～２％しか影響を及ぼさないという研究結果を発表している。教授は、客観的に測定できる分かりやすい基準として年収を選び、ＩＱの高さがどれくらい年収に結びつくのかを統計的に調査した。ＩＱは、一生を通じてあまり大きくは変化しないとされる。いわば、生まれつきの頭の良さを表す数値と考えることができる。教授によれば、少なくとも経済的な成功という側面で見る限りは、生まれ持った頭の良さよりも性格の方が重要だということが示されたわけだ。より具体的には、誠実さや、何事にも興味をもって積極的に取り組む姿勢が重要ということだ。周囲の人に誠実に接していたり、色々なことに積極的に取り組んだりといった日々の少しずつの行動の違いが、人生の成功に繋がっていくのである。

こういった考え方は、営業の仕事でも役に立つのではないだろうか。私の勤めている保険会社では、最優秀クラスの営業（ライフコンサルタント）が各地の支店で講演を行い、ほかのライフコンサルタントに自分の営業スタイルや想いを伝えて回るという仕組みがある。著者も、その講演内容を記録したDVDを見たことがあるが、やはり営業で重要なのは、とにかく行動してお客様に声をかけることと、データを集めて研究することだという点が強調されていた。キーワードは「5W1H」、つまり、時間(when)、場所(where)、どういうお客様か(who)、何の商品を紹介したか(what)、なぜ成約した/断られたか(why)、どのようにアプローチしたか(how)等々を細かくメモしておいて、統計的に分析して法則を導き出し、次に声をかけるときに活かすということだ。

営業は、大数の法則がダイレクトに効いてくる職種といえるだろう。優秀な営業ほど成績が高くかつ安定しているのは、大数の法則で説明できる。彼らは、まず誰よりも多くの人に声をかけて「数」を確保する。そして、少しでも成約の確率を高めるために研究を重ね、「理論」を向上させていくわけだ。もちろん、彼らはほかのどの営業よりも多くの人から断られてもいる。そもそも、お客さんに電話や訪問をしても、それが成約まで繋がる確率自体が低いからだ。けれども、諦めずにたくさんの電話や訪問をすることで大数の法則が働き、一定数の契約を安定的に取れるようになる。さらに、色々工夫をして成約の確率を高めることで、高水準の新規契約を安定的に取れるようになるのである。

著名な心理学者であるペンシルバニア大学のマーティン・セリグマン教授が著した『オプティミストはなぜ成功するのか』（講談社）には、楽観的な保険営業マンほど良い成績を残しているとの調査結果が記されている。セリグマン教授は、メトロ生命という生命保険会社の新入社員104人を調査対象として選び、教授が開発した心理テストを受けさせた。この心理テストは、人生で何かが起きたとき、それをどれくらい楽観的に解釈する傾向があるかを測るものだった。つまり、その人が楽観的な人物なのか、悲観的な人物なのかを見分けるテストということだ。

まず驚いたのは、保険営業の人たちの平均点が、ほかの職業の平均点をはるかに上回っていた（つまり、はるかに楽観的だった）ことだ。営業はもともと断られてなんぼの仕事なので、楽観的な性格でなければ務まらないということだろう。その後教授は、彼らを追跡調査して、入社から1年後の契約獲得成績を調べた。すると、楽観度テストで上位半分にいた人たちは、下位半分の人たちよりも20％も契約獲得数が多かった。さらに、上位4分の1の人たちは、下位4分の1の人たちより50％も契約獲得数が多かったのだ。

お客さんから断られるのは、とても辛い体験だ。だから多くの人が、断られたときのショックで心が折れてしまい、次の電話をかける勇気が出なくなる。けれども、楽観的な性格の人はめげずに電話をかけまくるので、結果として好成績になるということのようだ。

ただし、「数」だけでなく「理論」も大切なことを忘れてはならない。下手な鉄砲も数打てば当たる的にやみくもに電話し、結局1人も成約がとれなかったりする場合は、そもそものやり方に問題があるかもしれないからだ。数を打っているのに成約が取れないのはやり方（理論）に問題があるし、いくらやり方がよくても、数を打っていなければ期待通りの成果は出ない。両方が揃ったときに大数の法則が働き、安定的な好成績が出せるのだ。

2 お金に大数の法則を働かせる

第2章1節で、保険は大数の法則のおかげで成り立っているという話をした。また、第2章5節で、安全な資産運用手法として知られる長期投資も、大数の法則が基礎となっているという話をした。ここでは、それを家計に活かしていくことを考えよう。

◆保険

・保険契約の契約内容を見直してみる

まずは、保険の話からである。日本では、生命保険の世帯加入率は9割近く[※5]に達しており、多くの人は、金額の差はあれど、生命保険を通じた相互扶助の輪の中に入っているといえる。けれども、自分がどんな保険に入っているのか、忘れてしまっている人も多いのではないだろうか。中には、保険料を払いすぎていたり、自分に合わない保険に入っている人もいるかもしれない。そうすると、大数の法則の恩

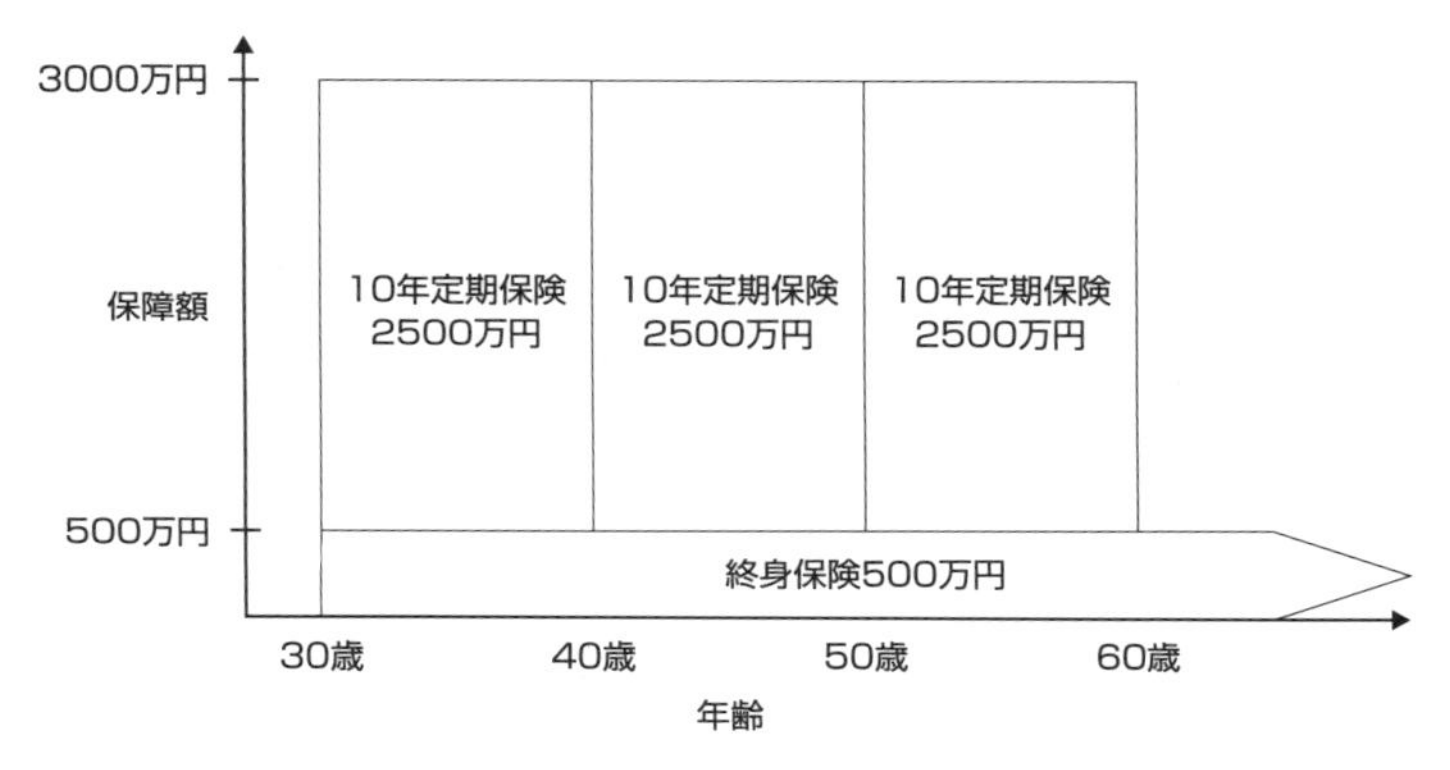

●典型的な生命保険契約の例

恵を十分には受けられていないということになる。そこで、自分の入っている保険が適切なものかどうか、自分が支払っている保険料が納得のいくものかどうか、もう一度チェックしてみてもよいのではないだろうか。

生命保険契約で典型的なものの1つとして、終身保険と定期保険を組み合わせるものがある。終身保険とは、保障が一生続く保険のことだ。一方、定期保険とは、保障が一定期間（例えば10年）だけ続くものである。人はいつか必ず死ぬので、終身保険の場合は、途中で解約等しない限りは、いつか必ず支払いが発生する。一方、定期保険は、保障期間中に被保険者が死亡しなければ死亡保険金は支

※5　民間生保に簡保やJA（農協）、県民共済・生協等を含めた全生保ベースで89・2％（2015年度調査）

払われず、それまでに支払った保険料は掛け捨てになる。当然、同じ保障額の場合は、定期保険の保険料の方が終身保険よりも安くなる。一生保障してくれる方がいいに決まっているのだが、それだと保険料が高くなりすぎるので、定期保険を組み合わせることで保険料を抑えるというやり方が一般的なのだ。例えば、終身保険部分が500万円、定期保険部分が2500万円としてイメージにすると、前ページの図のようになる。

このような契約形態だと、契約した当初は保険料を抑えることができる。けれども、定期保険部分は、一定期間しか保障してくれないことを忘れてはならない。例えば、30歳で契約して、定期部分の保障期間が10年だった場合は、40歳のときに定期部分の契約を更新しなくてはならない。そのとき、年齢が上がっている分、定期部分の保険料は以前よりも高くなる。同様に、50歳時点での契約更新の際は、さらに保険料が高くなる。また、保険には、一般に加入時の年齢制限が課せられていることが多い。その制限年齢が仮に60歳だった場合、60歳以降は定期保険部分の契約更新自体ができなくなってしまう。結果として、どんどん高い保険料を払わされた

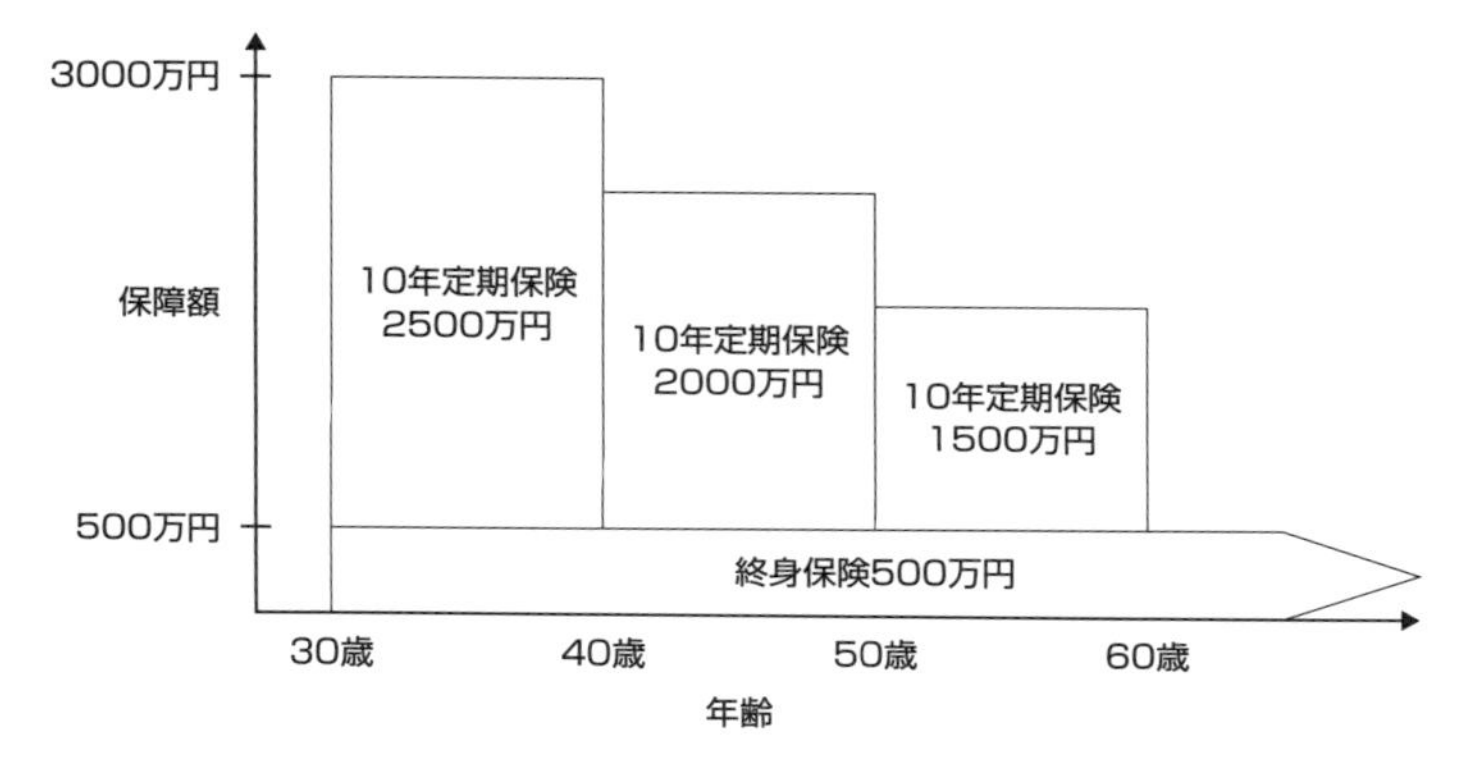

●定期部分を徐々に減らしていく場合の例

結果、60歳時点で定期保険部分は消滅してしまい、最後は終身保険の500万円分の保障しか残らなかった、ということになってしまう。

このように、保険会社の言いなりになっていると、なんだか納得のいかない結果に終わってしまうこともありうる。この例の場合だと、上図のように定期保険部分を徐々に削っていくようにすれば、保険料が高くなるのを防ぐことができる。当たり前の話だが、保障額が小さいほど保険料は安くなるからだ。

保障額が小さくなるのは不安という人もいるかもしれないが、生命保険はそもそも、稼ぎ頭が死亡してしまった場合に、遺族の生活費を賄うためのものである。そして、年齢が上がっていけばいくほど、その後に必要な生活資金の総額は減っていくはずなのだ。全く健康な人でも、余命は毎年1年ずつ減っていく。ということは、年齢が上がるにつれて、今後必要な生活資金の総額は1年分の生活費ずつ減っていくはずなのである。従って、トータルの保障額を小さくしていくというのが、保険料を節約する1つの合理的な方法といえるのだ。

ライフコンサルタントにとっては、保障額の大きい保険を契約してもらった方が自分の成績に繋がるので、こういったことを積極的には提案してこないかもしれない。けれども、自分の一生に関わる話なので、遠慮する必要はないだろう。担当のライフコンサルタントに一度相談してみてもいいのではないだろうか。契約更新のたびに補償額を見直すのが面倒くさいという人は、保障額が少しずつ減っていく保険（収入保障保険という）を販売している保険会社もあるので、調べてみるといいだろう。あるいは、子供の養育費や学費がかかる期間だけ定期保険を厚く乗せて、そのほかの期間は薄めにするという方法もある。そうやって保障にメリハリをつけて保険料を最適化していけば、家計も助かるわけだ。※6

・保険契約が失効していないか、請求忘れがないかを確認してみる

また、保険の契約内容を見直すという以前に、いつの間にか失効してしまっている人もいるかもしれないので、心配な方は確認してみた方がいいだろう。最も多いのが、保険料の払い込みが行われなかったことによる失効だ。もちろん、期日までに支払わなければすぐ失効になるというわけではないが、[※7]しばらく忘れているうちに、いつの間にか失効していたということもありうるので、心当たりがある人は、保険会社に電話して聞いてみるといいだろう。万が一失効していた場合も、失効後3年以内（変額保険及び変額個人年金保険の場合は失効後3カ月以内）であれば、保険会社に復活請求書というものを提出して復活請求をすることができる。

ほかには、保険金を受け取る権利が発生しているのに、保険金の支払い請求を忘れている人もいたりする。色々と忙しくて忘れてしまっているのかもしれないが、保険金の請求権は3年で[※8]消滅してしまうので、心当たりがある人は保険会社に確認した方がいいだろう。

※6　こういった柔軟な対応ができる保険会社とできない保険会社があるため、ご興味がある方は、複数の保険会社に問い合わせて比較検討することをお勧めします。　※7　失効の詳しい条件については、契約時に交付される保険約款に記載されています。　※8　保険法第95条

・健康を活かして保険料を安くする

健康に自信のある人のほか、酒・タバコをやらない人は、健康体割引というものを活用することで保険料を今よりずっと安くすることができる可能性がある。第2章1節で、保険料は死亡率に基づいて計算されるという話をした。年齢が若い人はそれだけで必然的に保険料が安くなるわけだが、さらに最近は、たばこを吸わない人や、健康状態が良好な人に対して、保険料を割引くサービスが登場している。場合によっては、保険料が半額近くまで安くなることもあるので、活用するといいだろう。

逆に、健康面に少し問題がある人のために作られた標準下体保険というものもある。一般の保険に比べると保険料が高くなる代わりに、健康リスクが高い人でも受け入れるというものだ。[※9] 健康状態を理由に保険加入を断られたことがある人も、標準下体保険なら入れる可能性があるので、保険会社に問い合わせてみてもいいかもしれない。

・貯金代わりに保険を使う

「将来のためにお金を貯めておきたいけど、手元にあるとどうしても使ってしまう」という人には、養老保険や個人年金保険などの貯蓄型保険がある。養老保険は、被保険者が死亡した場合、またはある期間生存した場合に保険金が下りるという保険商品である。ややこしいので具体例で説明すると、例えば30年養老保険を30歳のときに契約した場合、被保険者が60歳まで生きていれば、保険金（生存保険金）が支払われる。あるいは、60歳に達する前に死亡した場合も、同額の保険金（死亡保険金）が支払われる。いうなれば、積み立て型の定期預金と死亡保険を足したような商品である。

積み立て型の定期預金との違いは、万が一自分に不幸が訪れた場合、まとまった金額がその時点で遺族に入るという点だ。つまり、単なる貯金だと、貯まる前に稼ぎ頭が死亡してしまうリスクがあるが、養老保険の場合は、そういうケースでは死亡保険金が下りるわけだ。また、個人年金保険には、税制上のメリットがある。具

※9　希望者全員が加入できるというわけではなく、保険会社毎に基準があります。

体的には、所得税の生命保険料控除の際、ほかの保険とは別枠で控除を受けることができる。[※10] 当然ながら、定期保険などの掛け捨て型の保険よりも保険料は高額になってしまうが、将来への備えとして検討してみてもよいかもしれない。

社会保障制度への信頼が失われつつある昨今、こういう私的保障で自分の老後を守ることがますます重要になってくる。ちなみに、日本人と同じように堅実な民族性を持つといわれるドイツ人は、老後の備えとして養老保険を大いに活用している。実際、ドイツの生命保険会社の保険料収入全体のうち約3割は、長期の養老保険からきているのだ。

◆投資

次は、大数の法則を投資で活用することについて考えよう。第2章5節で見たように、長期投資は大数の法則が働くことで安定的に収益を得ることが期待できる投資スタイルだ。今まで投資をやったことがない方は、大数の法則を生活に取り入れる一環として、検討してみてもいいのではないだろうか。

※10　生命保険料控除の上限は、一般生命保険料4万円、個人年金保険料4万円、介護医療保険料4万円。すべての控除額合計で最高12万円まで控除可能（2012年1月1日以降に締結された契約のみ）。

◆有価証券への投資は資産形成のために必要だと思うのに、
有価証券を保有したことがない理由（複数回答）

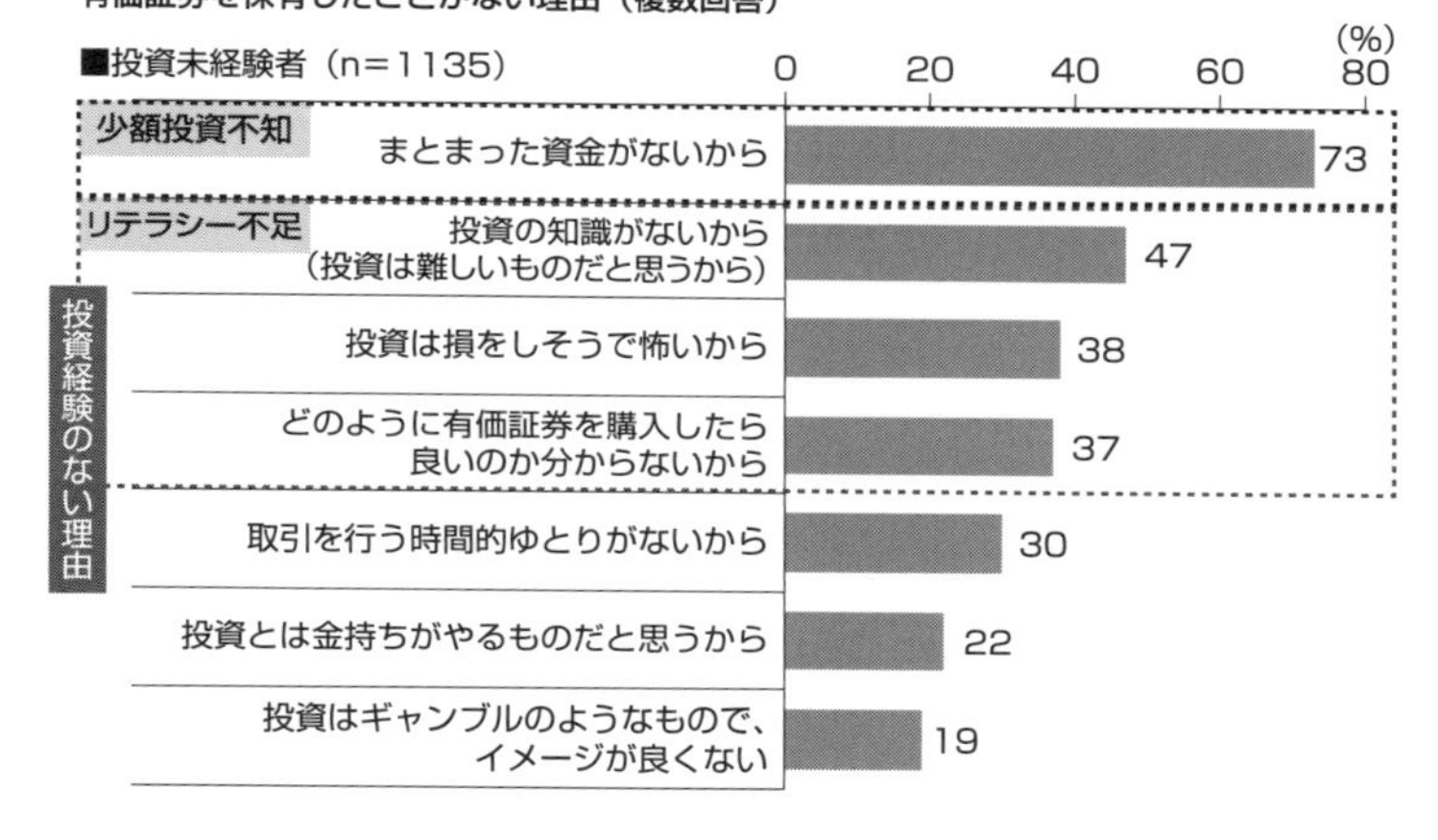

◆有価証券への投資は資産形成のために必要ないと思う理由（複数回答）

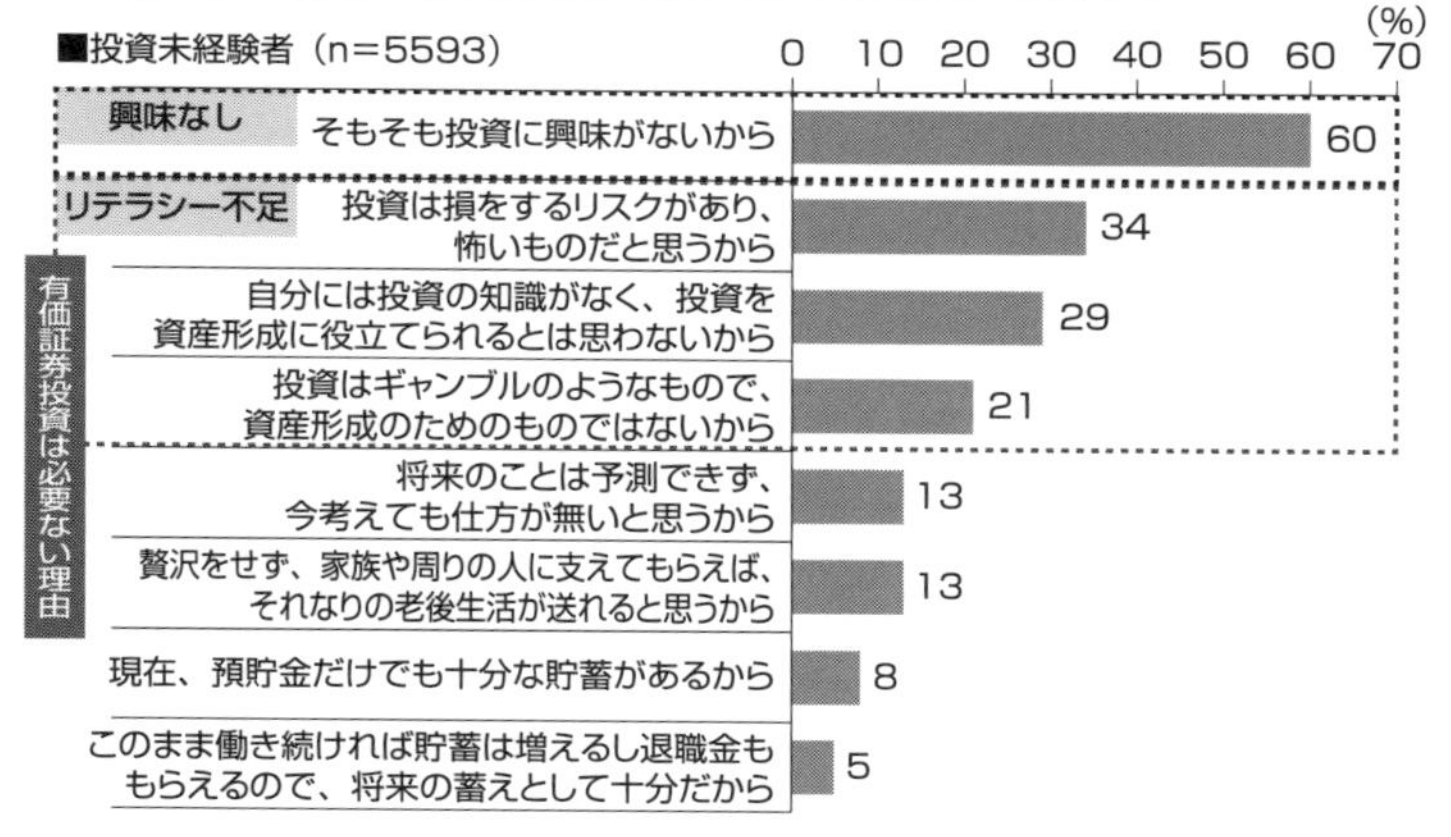

●「国民のNISAの利用状況等に関するアンケート調査」　金融庁「金融リテラシー調査」より（2016年、http://www.fsa.go.jp/policy/nisa/20161021-1.html）

けれども、投資をやったことがない人にとっては、投資を始めるということ自体が高いハードルであることは事実だ。実際、金融庁が行った調査の結果（前頁の図）は、日本人の多くが投資に対して今一歩踏み込めないでいるという事実を物語っている。この図は、今まで投資をやったことがない人を対象にして金融庁が行ったアンケートの結果をまとめたものだ。上側は、「投資が必要だと思うが、やったことはない」と答えた人に理由を尋ねた際の回答、下は、「投資はやったことがないし、そもそも投資なんて必要ない」と答えた人に理由を尋ねた際の回答である。

上位の意見をまとめると、およそ次のようなものになる。

「投資に関する知識がなくて、どうしたらいいか分からない」

「まとまったお金がない」

「ギャンブルのようなものだから」

「そもそも興味がない」

一方で、「預貯金だけで十分足りているから」と答えた人はわずか8％だ。つまり、お金は増やす必要があると認識しているものの、第一歩をどう踏み出せばいいか分からないし、そもそもよく分からないから興味も持ちにくいといったところだろう。「ギャンブルのようなものだから」という意見については、確かに短期のFXトレードなどには当てはまるかもしれないが、第2章5節で見たように、長期投資はちゃんとした理論に基づいたものである。それに、ギャンブルは平均的には必ず負けるように作られている（第1章4節参照）のに対し、投資はそうではない。

本書は投資の専門書ではないので、具体的な運用商品やノウハウの紹介は控えるが、一昔前と違って今は金融機関が提供するサービスも充実してきているので、投資をスタートしやすい環境が整っているという点は指摘しておきたい。

例えば、個人型確定拠出年金（iDeCo）という制度がある。これは、毎月一定額を積み立てていって運用し、将来それを年金でもらえるという制度だ。積み立てたお金を何に投資するかは自分で決めなければならないので、面倒くさいと思う方もいるだろう。けれども、iDeCoを提供する金融機関は、モデルポートフォリオというものを公開している。これは、その人の年齢、年収、家族構成、投資に対するスタンス（「リスクを極力避けたい」とか、「リスクを取ってでも儲けたい」等）などから、その人にふさわしいと考えられる資産配分の例を示してくれるのだ。それを参考にすれば、自分でゼロから考える手間が省ける。興味のある方は、ネットで「個人型確定拠出年金」や「iDeCo」などのキーワードで検索すれば、そのサービスを提供している金融機関がいくつもヒットする。

また、自分にはどんな資産配分が合っているのかを気軽に知りたい方は、インターネットで「ロボアド」と検索してみてほしい。いくつかのページが出てくるが、これらは「ロボットアドバイザー」と呼ばれる自動アドバイスサービスを提供しているサイトだ。入力フォームに自分の属性を入力すれば、推奨の資産配分を自動で計算してくれる。もちろん、これらのページで出てきた結果が唯一の正解というわけではないのだが、多くが無料で使えるので、参考程度にやってみるとイメージが掴めるのではないだろうか。

「何に投資したらいいか分からない」という人には、バランス型投資信託というものもある。バランス型投資信託では、何にどれくらい投資するかを、運用会社のプロが予め決めてくれている。例えば、あるバランス型投資信託では、国内株に25

%、国内債に25%、海外株に25%、海外債に25%投資すると決めている。そして、その投資比率を守りながら、プロが銘柄を買ったり売ったりして運用を行う。具体的にどの銘柄に投資するかも、予め決めてくれている（具体的には、大きな損失を出さないように、たくさんの銘柄に分散して投資するのが一般的だ）。私たちは、バランス型投資信託を買うだけで、様々な資産に分散投資ができるのだ。同じように、「株とか、どの銘柄を買っていいか分からないんですけど」という人は、ETFや投資信託がある。これらは、多くの銘柄をひとまとめのパッケージにして販売しているものだ。例えば、日経平均連動型ETFを購入した場合は、日経平均の構成銘柄である225社の株式を均等に保有することになる。そうすることで、どれか1社の株に全額つぎ込むよりはリスクが平均化されるということだ。

「まとまったお金がない」という意見も出ているが、投資には必ずまとまったお金が必要というわけではない。例えば個人型確定拠出年金（iDeCo）は、毎月決まった額の掛け金を拠出していくスタイルなので、月当たり数千円を出せるのであれば、投資は始められるのだ。例えば、『はじめての人のための3000円投資生活』（横山光昭著、アスコム社）という本には、月3000円から始められる投資について書かれている。この本は分かりやすくてお勧めなので、ご興味ある方は参考にしていただきたい。要するに、無理のない金額でやればよいのである。

以上、今は色々便利なモノが使える時代なので、投資の世界に足を踏み入れるきっかけとして使ってみてはいかがだろうか。投資は損する可能性が付きまとうし、自己責任の世界なので、自分で勉強しなければならない部分はどうしても出てくるわけだが、少なくともひと昔前よりは遥かに取っつきやすくなっているのは確かだ。まずは月数千円から始めていけば、だんだんと興味も湧いてくるのではないだろうか。

3 自分の意見を発信してみる

第2章4節や第3章3節で、自分の意見をしっかり言うこと（判断の独立性）が大切という話をした。第3章では会社の会議などを例に出して説明したが、ここでは、個人としての情報発信を考えてみよう。

最もよく用いられるのが、ツイッターやFacebookなどのSNSだ。最近では、報道番組の最中に視聴者が投稿したツイッターのコメントをリアルタイムでピックアップし、紹介しているのをよく見かける。自分の意見を発信することで、それを見た人たちに新しい気付きを与えるかもしれないし、自分の意見に反応が返ってくれば、より深く考えるきっかけにもなるだろう。もしかしたら、自分の意見が世の中に影響を及ぼすこともあるかもしれない。

例えばアメリカには、「ドラッジ・レポート」という有名なサイトがある。マット・ドラッジという人物が運営するサイトで、彼が個人的に興味を持ったニュースをまとめて紹介している。アメリカの民間調査機関であるピュー・リサーチ・センターが米主要ニュースサイトへのアクセス状況を解析した結果、驚くべきことが判明した。ニュースサイトへ直接訪れる人やGoogle経由の人が1番多いのは予想通りだったが、何と、全体の7％もの人が、個人サイトの「ドラッジ・レポート」経由で主要ニュースサイトへアクセスしていたのだ。各ニュースサイト毎の「ドラッジ・

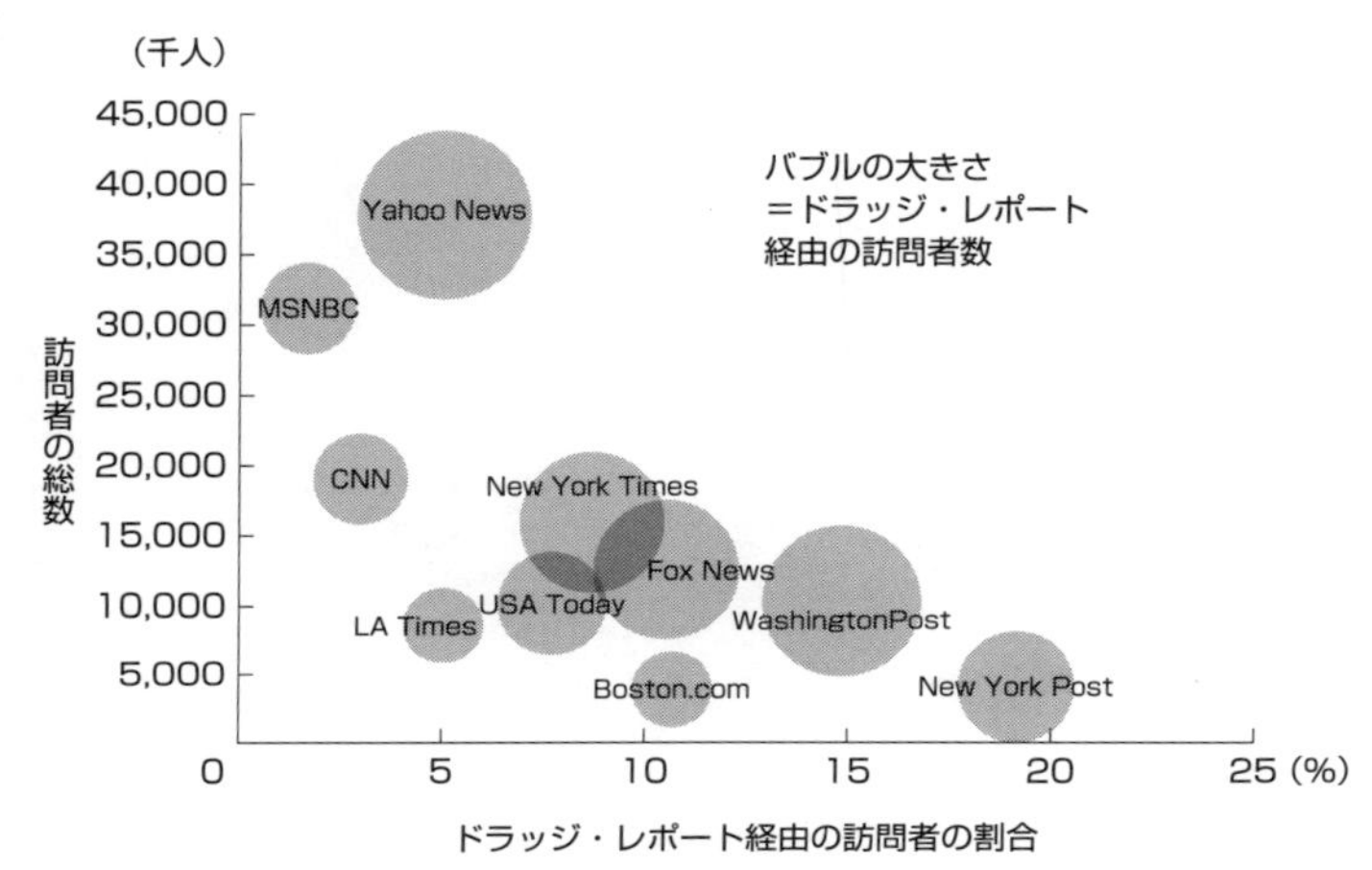

●個人サイト「ドラッジ・レポート」の影響力（出典:Pew Research Center、http://www.journalism.org/2011/05/09/navigating-news-online/）

レポート」経由のアクセス状況を上図に示したが、ワシントンポストやニューヨークポストに至っては、何と2割近い人が「ドラッジ・レポート」経由でアクセスしていることが分かる。

このように、自分の意見を発信した結果、それが世の中に大きな影響を及ぼすということが実際にありうるわけだ。ホームページやSNSだけでなく、例えば本を書くという方法もある。今は情報の垣根がどんどん下がっている時代なので、自分も遠慮せずどんどん発信していけば、新しい世界が広がっていくに違いない。

4 「人と違っていてもいいや」と開き直る

第3章3節で、多様性が重要だという話をした。私たちは、人と違っているからこそ世の中に貢献できるのだ。けれども実際のところをいうと、人と違った意見を言うのは勇気がいるし、人と違った行動を取るのは不安が伴う。それはとても自然なことで、すべての人類が共通で持っている感情ということができる。

というのも、人間には、他の人と同じような行動を取ってしまう心理バイアスがあるのだ。このことを、行動経済学では「群衆バイアス」と呼んでいる。このようなバイアスを示したものとして最も有名なのが、社会心理学者ソロモン・アッシュによる以下の「同調実験」だ。

8人の被験者に、長さの違う3本の線が書かれたカードと、1本の線が書かれた別のカードを見せ、「3本の線の中で、もう1つのカードに書かれた線と同じ長さのものはどれですか」と質問する。非常に簡単な問題なので、通常ならば、誤答率はほぼゼロ%のはずだ。

けれども、この実験では、8人の被験者のうち1人を除いては全員「サクラ」で、あえて間違った答えを選ぶように指示されている。その結果、真の被験者のうち37%もの人が、サクラが選んだ間違った答えを選択してしまった。次にアッシュは、サクラの人数を変えて同様の実験を試みた。すると、サクラの数が7人でも2人（つまり、真の被験者も含めて3人）でも同様の結果が得られた。

この実験では、例えばサクラの7人のうち1人でも本当の正解を選ぶようにした場合は、真の被験者の誤答率は急速に低くなることも分かっている。要するに人間は、自分1人だけ違うということを避けるようにできているのだ。

人類がこのような心理バイアスを持っているのは、長い歴史の中で、自分だけ考え違いをして危険な目にあうのを防ぎ、生存率を上げることに役立ってきたからではないだろうか。けれども現代の私たちは、価値観が非常に多様化した社会に生きている。自分の考えていることや選択した道が、周囲の人たちと異なるということが、頻繁に起こりうる。

著者はメガバンクに8年ほど勤めていたが、33歳のときに外資系生命保険会社の資産運用部門に転職した。そのときの銀行の同僚や上司の反応を一言で表すと、〝困惑と心配〟であった。当時の上司からは「悩みがあったなら、なぜ相談してくれなかったんだ」と言われたし、転職を知った何人かの同僚からは、「君のことが心配だ。大丈夫なのか」という連絡を受けた。けれども、仕事や上司が嫌いだったから転職したわけではない。転職の理由は主に3つあったのだが、どれも前向きなものだった。

1つ目の理由は仕事内容だ。銀行に入ってからずっと資産運用部門にいて、今後も資産運用の仕事を続けたいと思っていたのだが、あいにく規制強化などがきっかけで銀行の運用部門は縮小傾向にあり、今までずっと運用畑だった人ですら、運用とはまったく関係ない部署へ異動になるケースが多くなっていた。外資系金融機関の場合、運用部門で採用された人がほかの部門に異動になることは基本的にない。従って、運用の仕事を今後も続けることができる。2つ目の理由は待遇である。著者の場合、転職したことで給料が2割ほど上がった。また、残業が減ったことで働く時間が1日3〜4時間ほど短くなったので、家族との団らんや自己啓発などにより時間を使うことができるようになった。3つ目は、そもそも35歳までに一度転職することを以前から考えていたというものだ。日本の転職業界には「35歳限界説」というのがあって、35歳までに一度転職しないと、その後の転職は難しくなるといわれている。※11そのため、33歳は年齢的に結構ぎりぎりだったわけだ。

アメリカの経営大学院では、むしろ転職しないことはキャリアにとって良くないと教えているそうだ。履歴書に1つの会社名しか書かれていないと、「この人は転職するだけのスキルがないのかな」とか、「転職して給料を上げていこうという意欲や積極性に乏しい人なのかな」と思われて不利になる。だから、適度に転職した方がよいと教えている。著者としても、そういう感じの発想で、スキルを試したいと思ったのである。

これは、転職の理由としては不十分だろうか？　少なくともメガバンク時代の上司や同僚は、この程度の理由で転職するわけがないと思っていたらしく、誰かからひどい目にあわされていたんじゃないかとか、不満を抱えていたんじゃないかとか、別の金融機関から引き抜かれたんじゃないかとか、色々と憶測が飛び交っていたようだ。まるで多くの人が、転職という〝正道から外れた道〟を選ぶと不幸になると信じ込んでいるかのようだった。心配してくれること自体は嬉しかったのだが、同時に違和感を覚えたのである。

実際は、人と違うことが不幸に繋がるわけではなく、むしろ新しい人生の道が開けることだってありうるはずだ。実際、著者の場合は、前の仕事に比べると時間的な余裕ができたので、専門職ＭＢＡ取得のために大学院に通い始めたり、資格試験の勉強を始めたりしている。

日本人の多くは、遺伝的に不安を感じやすいという説がある。具体的にいうと、脳の中で恐怖を抑える働きをするセロトニントランスポーターを作る遺伝子は３タイプあり、そのうち、トランスポーターを最も多く作るタイプは「ポジティブ遺伝子」とも呼ばれ、その遺伝子タイプの人は恐怖や不安を感じにくいとされる。アメリカ人の場合、このタイプの遺伝子の持ち主は全人口の約３割だが、日本人は、何と３％しかいないらしい。つまり、もともと不安を感じやすい民族なのだ。だから

※11　あくまで目安であって、時代の変化、景気、個人の能力、採用者の事情等によって結果は変わります。

こそ、「人と違っていても別にいいや」と意識的に開き直って、違いが自分にもたらしてくれた良い結果に目を向けるといいのではないかと思う。

色々と説明したが、大数の法則を生活に活かすためのキーワードは「こつこつ堅実に」ということだ。期待通り（理論通り）の結果が出るためには、長い時間をかけて地道に積み上げていく必要がある。人間関係にしても、お金にしてもそうである。大切なのは、うまくいかないときに小数の法則に囚われて途中で諦めてしまわないことだ。また、「周りと違っていても気にしない」ということも重要である。自分は何者か、どういう意見を持っているのかを、会議で、SNSで、ブログで、本で発信していく。そうやって日々を1％ずつ変えていく「大数ライフ」が、あなたをワンランク上へ連れて行ってくれるのである。

第5章

大数の法則を味方に付けよう

ここまで読んで下さった方は、大数の法則をかなり身近に感じて頂けたのではないだろうか。一見、自分と関係のなさそうな数学の話が、実は生活と深く関わっていることを、意外に思われたかもしれない。

第2章や第3章で見てきたように、現代人はとても恵まれていて、比較的簡単に大数の法則の恩恵を受けることができる。銀行預金にしろ、生命保険にしろ、すでに仕組みは整っているので、契約するだけでよいのだ。では、現代社会は大数の法則を完璧に使いこなせているのだろうか？　答えは、残念ながらNOだと思う。特に、選挙や会議など、意思決定の場に大数の法則を活用する点においては、まだまだ十分とはいえないのではないだろうか。

そもそも選挙は、国に対して〝民意〟を示すための手段だ。けれども、それが本当に〝民意〟を表しているのか、よく分からないような事例も多く発生している。2016年11月に行われたアメリカの大統領選挙は、特に印象深い結果となった。

アメリカの大統領選挙は、州を基準に行われる点が最大の特徴である。各州には、人口に比例して選挙人が割り当てられる。そして、州ごとの住民投票で1位になった候補は、その州の選挙人を総取りできる仕組みになっている。最終的に、最も多くの選挙人を獲得した候補が大統領として選出される。

なぜこのような仕組みになっているかというと、アメリカは合州国であり、州の独立性がとても尊重されているからだ。リーダーたる大統領を選ぶときも、州としての意見をベースに決めるのである。選挙人は、各州が持っている投票権に相当する。それぞれの州は、人口に比例した投票権を持っているわけだ。そして、ある州の住民投票でトランプ候補が1位になった場合は、トランプ候補がその州の選挙人を総取りする。つまり、その州はトランプ候補を選んだと見なされるわけだ。

実際の結果がどうだったかというと、獲得選挙人の総数はクリントン氏が232人、トランプ氏が306人で、トランプ氏の勝利に終わった。けれども、アメリカ国民の総得票数で見た場合、違った結果が見えてくる。クリントン氏が約6584万票、トランプ氏が約6298万票で、約286万票も差をつけてクリントン氏が勝っていたのだ。

このようなねじれが生じたのは、何も今回だけではない。2000年には、民主党候補のアル・ゴア氏が共和党候補のジョージ・W・ブッシュ氏を総得票数で54万票ほど上回ったものの、獲得選挙人数では負けて落選した。

こうなると、〝民意〟とは一体何なのか、そもそも、そんなものは存在するのだろうかという疑問が湧いてくる。結局は、〝民意〟という実体があるわけではなく、決め方次第で結果が変わってしまうということなのかもしれない。そうなると、少しでもよい決め方を採用した方がいいということになる。それでは、現代の典型的な選挙の仕組みがよい決め方かというと、必ずしもそうではない。

現代の選挙で最も典型的なのは、候補者が複数出馬して、それぞれに有権者が投票するというものだ。けれども、このやり方は、社会選択理論でいうところの「ペア敗者」を選んでしまう可能性がある。ペア敗者とは、仮に総当たり戦で各候補者が1対1で勝負していった場合、ほかのどの候補者にも負けてしまう候補のことだ。つまり、タイマンだと一度も過半数を取れない候補のことである。

1対1だと負ける候補が、選挙で勝ってしまうことがあるのはなぜだろうか？それは、票の割れが有利に働くことがあるからだ。例えば、3名が出馬している状況で、うち2名の政治スタンスが一部似通っている場合、票の割れが起こって残りの1名に有利になる。仮にその候補がペア敗者だったとしても、票の割れのおかげで勝つ可能性があるわけだ。

２０００年のアメリカ大統領選では、ゴア氏とブッシュ氏のほかに、緑の党からネーダー氏が立候補した。ネーダー氏の主張はゴア氏と一部似ている部分があったため、ゴア氏の支持層の一部が彼に流れ、ゴア氏の敗北の一因になったといわれている。もしネーダー氏が立候補していなければ、ゴア大統領が誕生していた可能性もあったわけだ。

このように、現代の選挙の仕組みは、偶然によって結果が左右されてしまう可能性を孕んだ不安定なものであるといえる。第2章4節で出てきた社会選択理論では、このような問題を改善するために、色々な選挙の方法が考案されている。実際の社会に応用されていくのはもう少し先の話かもしれないが、研究者たちの頭の中にある理論が現実の選挙に応用され、より優れた為政者を選べるようになる日が来ることを期待したい。

そもそも、現代の選挙は、政策ではなく政党を選ぶ形式になっているのも、考えてみればおかしな話ではないか。どこかの政党の方針が自分の意見と100％一致している人というのは、実は少ないのではないだろうか。ある政党の主張について、賛成の部分もあれば反対の部分もあるというのが実際のところだろう。けれども今の世の中では、政策は抱き合わせ販売が当たり前で、ひとつひとつ選ぶことができないようになっている。そういう意味では、政策リストが書かれた紙に、優先してほしい順番を記入して投票するような選挙があってもいいかもしれない。政治家を選ぶのではなくて、政策を選ぶということだ。どの政治家も対して代わり映えしないのであれば、いっそのこと政策を主役に、〝人〟を脇役にしてしまうのもアリではないだろうか。

トランプ大統領に関連した話を続けると、最近は、欧米先進国を中心に反グローバリズムの動きが広がっている。イギリスのＥＵ離脱（Brexit）や、反移民を掲げるトランプ大統領の誕生など、世の中が多様性を認める方向から、排斥する方向へ舵を切ったのではないかと思われるニュースが相次いでいる。この点については、第

3章3節で説明した多様性の話と逆行していると感じられた方もおられるだろう。

実際のところ、多様性は恩恵をもたらすものではあるが、同時にコストもかかる。第3章3節で紹介したスコット・ペイジ教授は、このことを「多様性のコスト」と呼んでいる。バックグラウンドの異なる人々は、価値観も異なる傾向が見られる。そのため、社会の資源をどう分配するかという点において、意見が食い違うことが多い。その結果、軋轢が生じたり、社会の分断を生んだりする可能性を、社会が支払うコストと考えているわけだ。

日本を考えると、子育て世代は学費補助や保育園の建設などに税金を割いてほしいと願う一方で、高齢者は年金の充実や高齢者福祉制度の強化を望む。国家の財力は有限なので、すべての人の願いを聞き入れることはできず、結果として、より選挙の票に繋がりやすい集団（日本の場合は高齢者等）に財政支出が偏り、社会に軋轢が生まれる。

アメリカで起きたことも、イギリスで起きたことも、本質は同じだ。自分たちの生活だって決して楽ではないのに、限られた労働需要を外国人に奪われたり、税金をギリシャの救済に使われたりすることに腹を立てていたわけだ。

19世紀のイギリスの政治学者ジョン・スチュアート・ミルは、自著『自由論』の中で、民主主義国家における「多数派の専制」を警戒すべきだと主張している。民衆の意見は、実質的には民衆の中で多数派を占める人たち、あるいは、より主張の激しい人たちの意見であることが多い。彼らは、自分たちと違う意見を持った集団を抑えるために〝民意〟を乱用する可能性があるため、社会全体として警戒しなければならないということだ。第2章や第3章で触れたように、「特別すぎる人」がいると多数決は機能しなくなる。そういった抜け穴を、19世紀の時点で気付いていた人がいたわけだ。

そう考えると、アメリカは白人による専制国家、日本は高齢者による専制国家になっているといえるかもしれない。日本の場合、そのことを最も端的に示す数字が、1000兆円を超える政府債務残高だ。これだけ借金が膨らんだのは、日本が身の丈に合わないレベルの福祉を国民に提供し続けた結果である。もちろん、その多くは高齢者のための出費だ。社会保障給付費の48・5％は年金であり、医療が32・4％、介護対策が8・2%[※12]といった具合である。

2016年度で見ると、日本の税収は約58兆円、一般会計予算は約97兆円[※13]で、収入の約1・7倍もお金を使っていることになる。これを一般の家庭に置き換えると、年収580万円の家族が年間970万円も出費し、その結果として1億円の借金を抱えてしまったのと同じ状況だ。1億円の借金なんて、年収580万円の家庭が何とかできる金額をはるかに超えている。そこで、借金を子供に相続してしまおう[※14]という話になる。自分たちだけではとても返せないから、子供に返済させようということだ。今の日本は、そういう状況になっている。けれども、今の日本にとって、身の丈に合わない出費を抑えることは難しい。高齢者の「多数派による専制」を抑える術がないからだ。

ツールボックスの多様性は恩恵をもたらす一方で、価値観の違いは資源分配に関する対立を生み出し、社会の分断に繋がりかねない。社会の意思決定に大数の法則を活用するのは、保険や銀行預金ほど簡単ではないわけだ。実際は、お互いがある程度満足できる落としどころを探りつつ、様々な立場の人に活躍の場を与えて、ツ

※12 平成26年度 社会保障費用統計（国立社会保障・人口問題研究所）より。 ※13 財務省ホームページより。 ※14 民法上、相続人は積極財産（資産や権利）だけでなく消極財産（負債等）も継承します。

ールボックスの多様性が最大限活かされるような社会を作ることが重要だろう。

行動経済学によると、人間は強い「損失回避性」を持つ。損失やその可能性については、合理的なレベルを超えて過剰に反応を示すということだ。だからこそ、移民などに資源を奪われる可能性については、感情的な反応が起こりやすい。しかし、多様なツールボックスや労働力など、メリットがあるのは事実だ。今後は、メリットとデメリットを冷静に比較分析し、あくまでも科学的な議論に基づいて落としどころを探っていくことが重要になるだろう。お互いにwin-winな部分も確かにあるのだということを、もっと前面に出して議論してもいいのではないかと思う。価値観の違いを乗り越えて1つになれたとき、さらに大数の法則が働く世の中になることは間違いない。

あとがき

金融の世界はとても面白い。世の中の動きが「お金」という形で数字になって見えるので、私のような根っからの理系バカにとっては、世の中を理解する最良の方法はお金の流れを理解することである。

世の中はとても複雑で、将来何が起きるかを予測することはほぼ不可能だ。お金の流れもそれを反映して、サイコロのように確率的な、不確かな動きをする。けれども、不確かな動きをするものがたくさん集まると大数の法則が働いて、安定が生まれる。とても不思議で魔法のような力が、数学には秘められている。

大数の法則という言葉を、本書で初めて知った方も多いのではないだろうか。本来は、大学の数学の教科書に載っていて、XだとかPだとか、頭が痛くなるような記号の羅列で表現されているものだ。多くの人にとってはなじみが薄いに違いない。

けれども、数学に詳しいか否かにかかわらず、すべての人がその恩恵を受けている。ピタゴラスは「万物の根源は数である」と言ったが、複雑な世の中を数字で捉えたときに、見えてくるものがあるわけだ。選挙、人の生死、サイコロ、経済といった、一見何の関係もなさそうなものが、数学を通して1つに繋がっていくのである。

これだけ世の中に深く関わっている大数の法則だが、それを知っている人はあまりいない。そこで、本書を通じて魅力を伝えたいと思い立ったわけだ。

本書を生み出すに当たっては、ウェッジ社書籍部の新井氏に大変お世話になった。また、著者の企画を出版へと繋げるにあたっては、アップルシード・エージェンシーの鬼塚氏や栂井氏の力添えなしでは成し遂げられなかったに違いない。そして、原稿の最初の読者になり、忌憚のない意見をぶつけてくれた妻にも深く感謝したい。

読者のビジネスや日々の生活に、本書の内容が少しでも役に立てば幸いである。

２０１７年２月

冨島佑允

■本書に登場する参考文献

『不合理な地球人――お金とココロの行動経済学』ハワード・S・ダンフォード著、朝日新聞出版、2010年
『「みんなの意見」は案外正しい』ジェームズ・スロウィッキー著、角川書店、2006年
『「多様な意見」はなぜ正しいのか』スコット・ペイジ著、日経BP社、2009年
『脳科学マーケティング100の心理技術――顧客の購買欲求を生み出す脳と心の科学』ロジャー・ドゥーリー著、ダイレクト出版、2013年
『木を見る西洋人　森を見る東洋人――思考の違いはいかにして生まれるか』リチャード・E・リスベット著、ダイヤモンド社、2004年
『マンガで分かる心療内科』ゆうきゆう原作、ソウ作画、少年画報社、2015年
『100%好かれる1%の習慣』松澤萬紀著、ダイヤモンド社、2013年
『オプティミストはなぜ成功するか 新装版』マーティン・セリグマン著、パンローリング、2013年
『はじめての人のための3000円投資生活』横山光昭著、アスコム、2016年

著者略歴

冨島佑允（とみしま・ゆうすけ）

1982年福岡生まれ。ジブラルタ生命保険株式会社勤務。

京都大学理学部・東京大学大学院理学系研究科卒（素粒子物理学専攻）。

大学院時代は世界最大の素粒子実験プロジェクトの研究員として活躍。その後、メガバンクにクオンツ（金融工学を駆使する専門職）として採用され、信用デリバティブや日本国債・日本株の運用を担当し、ニューヨークでヘッジファンドのマネージャーを経験。2016年に転職し、現職では金利リスク管理等を担当。

欧米文化に親しんだ国際的な金融マンであると同時に、科学や哲学における最先端の動向に精通している。

著者エージェント：アップルシード・エージェンシー
www.appleseed.co.jp

「大数(たいすう)の法則」がわかれば、世の中のすべてがわかる!

2017年3月20日　第1刷発行

■著者
冨島佑允

■発行者
山本雅弘

■発行所
株式会社ウェッジ
〒101-0052
東京都千代田区神田小川町一丁目3番地1
NBF小川町ビルディング 3階
電話 03-5280-0528
FAX 03-5217-2661
http://www.wedge.co.jp/
振替 00160-2-410636

■装丁
bookwall

■カバー装画
宮澤 槙

■組版
株式会社明昌堂

■印刷・製本所
株式会社暁印刷

※定価はカバーに表示してあります。
ISBN978-4-86310-179-1　C0041
※乱丁本・落丁本は小社にてお取り替えいたします。